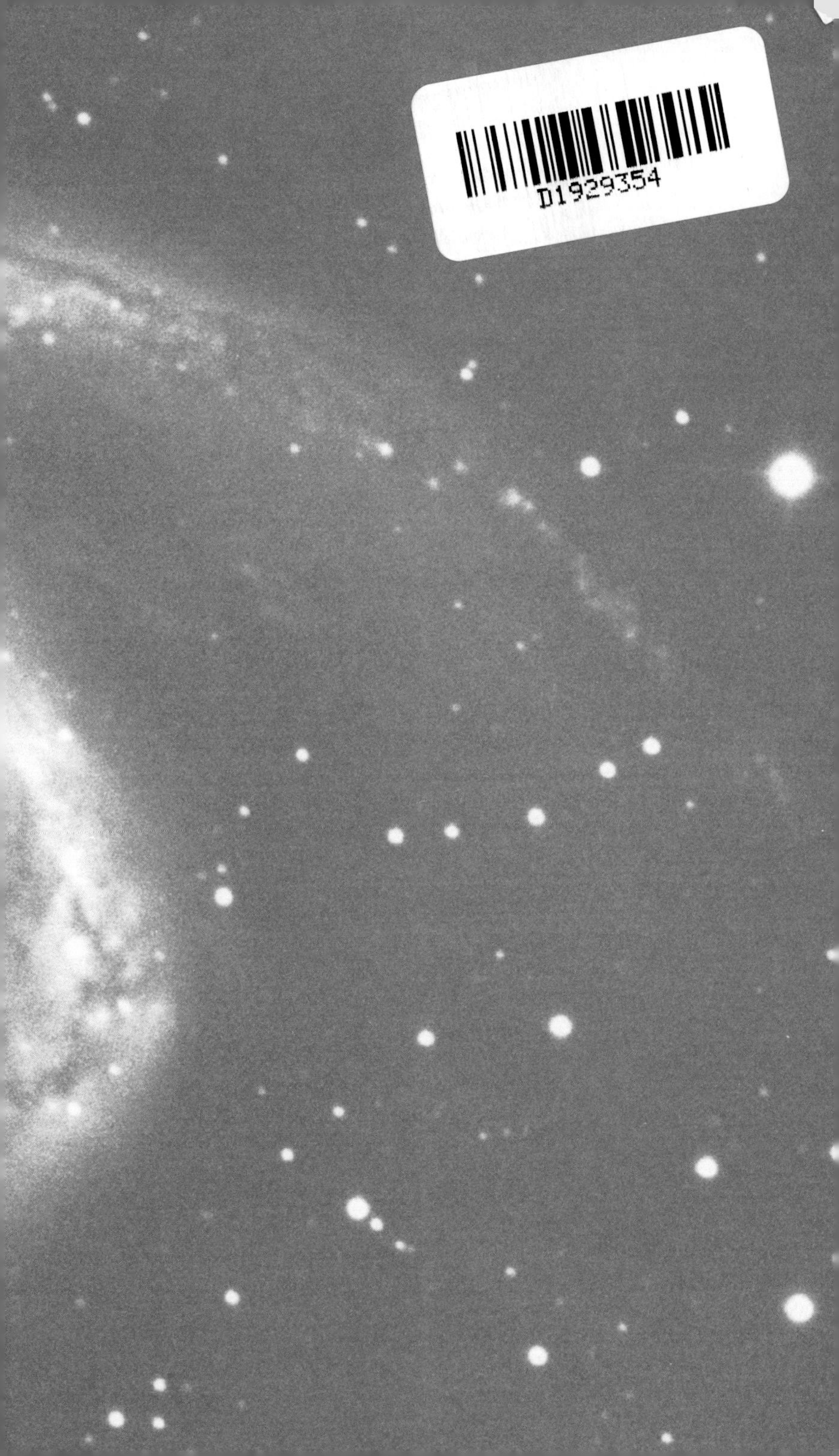

Peter Pesic

Die Spione im Unendlichen

Kepler, Newton, Einstein
und die Geheimnisse des Universums

∞

Aus dem Amerikanischen von
Dietmar Zimmer

Klett-Cotta

Klett-Cotta
Die Originalausgabe erschien unter dem Titel
»Labyrinth: A Search for the Hidden Meaning of Science«
im Verlag: MIT Press, Cambridge, Mass.

Printed in Germany
Schutzumschlag: Finken & Bumiller, Stuttgart
Vorsatzfoto: Die Balkenspiralgalaxie NGC 2442 im Sternbild Volans
(Fliegender Fisch) © Astrofoto, Sörth/David Malin/AAO
Gesetzt aus der 10,5 Punkt Minion von Typomedia GmbH, Ostfildern
Auf säure- und holzfreiem Werkdruckpapier gedruckt
und gebunden von Clausen & Bosse, Leck
ISBN 3-608-94350-1

Bibliographische Information Der Deutschen Bibliothek
Die Deutsche Bibliothek verzeichnet diese Publikation in der
Deutschen Nationalbibliographie; detaillierte bibliographische
Daten sind im Internet über <http://dnb.ddb.de> abrufbar

Meinen Eltern,
die mich lehrten, was Mut heisst.

Inhalt

∞

Auftakt

∞

Als Albert Einstein vier oder fünf Jahre alt war, zeigte ihm sein Vater einen Kompaß. Der Junge betrachtete das Gerät und spürte vielleicht zum ersten Mal, daß sich hinter manchen Dingen etwas Tiefes, Geheimnisvolles verbirgt. Er schauderte, und es lief ihm kalt den Rücken hinunter. Für ihn wurde dieser Moment zu einem prägenden Erlebnis, wurde ihm doch etwas bewußt, was über den bloßen Augenblick weit hinausging: Die Natur birgt Geheimnisse. Dieser Gedanke klingt sonderbar, und doch auch vertraut. Bei dem Begriff »Geheimnis der Natur« schwingt mit, daß sich hinter einer Naturerscheinung eine mysteriöse Tiefe verbirgt; er deutet an, daß es Gründe für das Geheime gibt und auch die Möglichkeit, die dahinter verborgenen Gesetze zu entdecken. Doch wodurch werden diese Gesetze zu einem Geheimnis? Etwa weil sie weit jenseits des menschlichen Horizonts liegen? Dann wäre es vergeblich oder gar vermessen, sie überhaupt lösen zu wollen. Oder betreffen sie göttliche Angelegenheiten? Dann könnte es gefährlich sein, daran zu rühren. Doch wenn sie dem menschlichen Forscherdrang zugänglich sind, warum sollten sie dann überhaupt so sorgfältig verborgen sein? Und wenn sie derart verborgen sind, wie konnte jemals eines enthüllt werden? Um solche Fragen nach den verborgenen Aspekten des wissenschaftlichen Forschens und ihrer Bedeutung für den Menschen geht es in diesem Buch.

Für mein Vorhaben ist es notwendig, vertraute Dinge fremd und rätselhaft sehen zu können. Dies reflektiert den emergenten Charakter des menschlichen Denkens. Bei der ursprünglichen Bedeutung jedes beliebigen Konzepts, das Menschen einmal entwickelt haben, verhält es sich nicht um so etwas wie eine geologische Schicht, die unbeweglich und versteinert tief unter der Oberfläche verborgen ist, sondern um etwas, das weiterhin aktiv und lebendig ist. Ebenso sind auch die Grundlagen der Wissenschaften kein totes Sediment, sondern sind ständig präsent und strahlen auf die ganze Vielfalt der lebendigen Wissenschaften aus. Dieses lebendige Zentrum mit seinen Ursprüngen in der Vergangenheit berührt und beeinflußt nachdenkende Menschen auch noch in der Gegenwart. Ich nehme nicht an, daß der Leser die Schriften kennt, die ich besprechen werde, weder die naturwissenschaftlichen noch die belletristischen; ich versuche daher, sie erneut zum Leben zu erwecken. Vor allem möchte ich aber lebhafte Fragen aufwerfen, die im Geist des Lesers weiterwirken. Auch wenn Bücher ja eigentlich stille Begleiter sind, möge dieses einmal eine wirkliche Konversation beginnen.

Zu der Fähigkeit, die Welt erkennen zu können, gibt es seit langem zwei gegensätzliche Haltungen. Einige antike Denker gingen davon aus, die Welt sei der menschlichen Intelligenz zugänglich. Andere dagegen waren der Ansicht, daß es verborgene Tiefen gibt, die für den Menschen unerreichbar sind. Der rätselhafte Heraklit schrieb: »Die Natur liebt es, sich zu verstecken«, und fügte hinzu: »Wenn du das Unerwartete nicht erwartest, wirst du es niemals finden, denn es ist hart zu entdecken und schwer zu erreichen.« Im Gegensatz dazu machte Aristoteles eine gewisse Harmonie aus zwischen unseren Fähigkeiten zu Sinneswahrnehmungen und der Welt, in der wir leben. Der aristotelische Wissenschaftler ist ein geduldiger und beobachtender Betrachter, kein Experimentator, der sich einmischt. Aristoteles' respektvolle Einsichten in die Natur zeigen vielmehr deren Schönheit auf als ihre Macht, Kraft und Stärke. Er lenkt unseren Blick auf die leuchtende Bühne der Natur, wo alles in der richtigen Reihenfolge ablaufen wird.

Obwohl die moderne Naturwissenschaft vieles Aristoteles verdankt, sucht sie doch auch nach den verborgenen Kräften. Für etliche Religionen waren diese Geheimnisse ein wichtiges Element. Obwohl der Gott der Bibel in die Geschichte eingreift, ist er »fürwahr ein verborgener Gott« auch der rätselhaften Tiefen. Die wissenschaftliche Suche nach diesen Tiefen ist von einer besonderen Intensität. Wenn man von einer religiösen Qualität von Wissenschaft sprechen kann, dann tritt diese in der brennenden Suche nach verborgenen Zusammenhängen zutage und muß nicht an etablierte Traditionen gebunden sein. Obwohl die in diesem Buch erwähnten Forscher Christen, Juden, Muslime oder Atheisten waren, suchten sie alle nach der letztgültigen Begegnung mit dem Kern der Dinge. Ihr Hochgefühl ebenso wie ihre Enttäuschungen sind Wegmarken einer spirituellen Reise.

Diese Reise führt jenseits der Grenzen der überlieferten Weisheit, sogar der alten Traditionen magischer Mächte. Verschiedene hermetische Schriften wie die der Alchimisten erwähnen mächtige Geheimnisse, die vor allen verborgen sind mit Ausnahme einiger Auserwählter. Neugierige, die annahmen, diese Schriften seien sehr alt, waren fasziniert von diesen mysteriösen Versprechungen, bei denen es um Alchimie ging und andere esoterische Zauberei. Viele Sammlungen der »Geheimnisse der Natur« versprachen ihren Adepten und ihren prinzengleichen Oberen den Zugang zu jenen Mächten. Neben dunklen Erwähnungen okkulter Kräfte enthielten diese geheimen Schriften viele praktische Rezepte und technische Fertigkeiten, die zuvor als Berufsgeheimnisse verborgen gehalten wurden. Doch obwohl auch die neue Wissenschaft von diesen Versprechungen und Enthüllungen fasziniert war, wandte sie sich ab von dem traditionellen Weg des Okkulten, das eher alte Zauberformeln wiederholte als nach neuem Verständnis suchte.

Ich möchte hier eine Art Ariadnefaden durch dieses Labyrinth präsentieren, der aus drei Hauptsträngen geflochten ist. Musikalisch ausgedrückt, handelt es sich bei diesem Buch um eine dreistimmige Fuge, eine Verschränkung dreier unterschiedlicher und dennoch miteinander verwandter Leitmotive, die alle den Charakter des »Abenteuers Wissenschaft« und die tiefen Auswirkungen behandeln, die dieses auf das menschliche Wesen hat. Bei dem ersten Motiv handelt es sich um das glühende Ringen des Wissenschaftlers mit der Natur, ein heldenhafter Kampf, bei dem sich beide gegenseitig auf die Probe stellen. Zum zweiten geht es um die Auswirkungen, die dieser Kampf auf den Charakter des Forschers hinterläßt, insbesondere jene Art von Läuterung, die die tiefsten menschlichen Wünsche und Verlangen betrifft. Ich werde hier den griechischen Begriff *eros,* die »sinnliche, die begehrende Liebe« verwenden, um über das gesamte Spektrum brennender Wünsche in einem Menschen zu sprechen. Der Begriff soll jedoch hier nicht auf Sexualität im engeren Sinn begrenzt bleiben, wie es gewöhnlich in Begriffen wie »erotisch« der Fall ist. Mit seiner Hilfe mag es uns vielmehr vielleicht gelingen, uns selbst darüber klarer zu werden, was wir uns am meisten wünschen, und die Natur unserer Wünsche besser zu erkennen. Im dritten Strang schließlich geht es um eine entscheidende Innovation, die aus diesem geläuterten Verlangen erwachsen ist, nämlich die symbolische Mathematik, und um die beachtlichen Beziehungen zu der Welt, die durch sie symbolisiert wird.

Die ersten drei Teile des Buches stellen diese Leitmotive im Detail vor und deuten auch bereits an, wie sie sich miteinander verflechten. Schauplatz der ersten Kapitel ist die Renaissance, bestimmte Ausgangspunkte, die zentral für meine Themen und ihre spätere Entwicklung sind. Sie beschäftigen sich mit drei Personen, die jeweils entscheidende Grundlagen für einen Wissenschaftszweig gelegt haben: William Gilbert, ein Arzt, der die wissenschaftliche Untersuchung des Magnetismus begründete; François Viète (lateinisch Vieta), ein französischer Rechtsgelehrter, Berater des Königs und Verschlüsselungsexperte, der eine entscheidende Rolle bei der Begründung der modernen symbolischen Mathematik spielte; und schließlich Francis Bacon, Lordkanzler Englands und Visionär, der das Bild der modernen Wissenschaft voraussah. Jedem dieser drei gelangen in einem sehr frühen Stadium entscheidende Einsichten, und eine Beschäftigung mit ihnen kann daher ein sich entwickelndes Leitmotiv mit einer Klarheit enthüllen, die im Lauf der späteren Entwicklung verlorenzugehen droht. Gilbert betonte die Bedeutung von Erfahrung, persönlichem Erleben und Experiment, doch er berücksichtigte noch nicht die Möglichkeiten der mathematischen Theorie. Viète dagegen war kein Experimentalwissenschaftler, sondern ein Pionier der modernen symbolischen Mathematik. In ihren jeweiligen Arbeiten zeigen sich die verschiedenen Ströme von Experiment und Theorie, die schließlich in den modernen Naturwissenschaften zusammenflossen. Francis Bacon dagegen machte weder bedeutsame Experimente, noch formulierte er große Theorien. Dennoch möchte ich ihm die Hauptrolle zuerkennen. Er sah ein neues Verhältnis zur Natur voraus und war der Herold, der andere zur Schlacht rief. Mit Fanfarenstößen verkündete er die Zukunft der Wissenschaft. Er lieferte die früheste und einflußreichste Darstellung dieses neuen Abenteuers, das er sich abzeichnen sah. Weil er etwas beschrieb, das es noch gar nicht gab, verwendete er eine reiche Bildersprache für seine neue Vision von Wissenschaft und bediente sich insbesondere der alten Mythologien als Schatztruhe starker Symbole, die er neu interpretierte, um seine Aussagen zu illustrieren. Bis hinein in die Antike fand Bacon Bilder, die für ihn auf eine Vorahnung des wissenschaftlichen Vordringens in die Tiefen der Natur hindeuteten. Für einen Blick in die Zukunft verwendete er den antiken Mythos von Atlantis, um eine neue Welt zu beschwören. Seine Schriften sind ein Spiegel, in dem die geheimnisvolle Geburt der modernen Wissenschaften aufs Beste zu betrachten ist.

Zunächst wurde Bacon idealisiert. Jean-Jacques Rousseau hielt ihn für einen der größten Philosophen aller Zeiten; Thomas Jefferson zählte ihn zu den drei bedeutendsten Menschen, die jemals gelebt hatten; Charles Darwin bekannte sich als treuer Anhänger der Baconschen Methodik. Dennoch zogen andere nicht nur Bacons Bedeutung in Zweifel, sondern bezweifelten sogar seine Integrität. Der britische Politiker und Historiker Thomas Macaulay (1800–1859) verband höchstes Lob für Bacons geistige Leistungen mit vernichtenden Zensuren für das, was er Bacons politische und persönliche Verworfenheit *(corruption)* nannte. Etliche Schmähschriften warfen Bacon persönliche Kälte, berufliche Grausamkeit und verzehrenden Ehrgeiz vor. Diese Anschuldigungen bezogen sich zumeist auf Falschinformationen und fehlinterpretierte Tatsachen. Die Schmähung von Bacons Charakter trug dazu bei, daß seine Visionen schließlich als irrelevant für die moderne Wissenschaft abgetan wurden, trotz gegenteiliger Bezeugungen seiner Nachfolger. Ich habe versucht, mich weder durch solche ungerechten Angriffe beeinflussen zu lassen noch zu versuchen, Bacon zu rächen, indem ich ihn ein weiteres Mal idealisiere.

Tatsächlich zeigt dieses intensive und überraschende Auf

und Ab von Verehrung und Abneigung nicht nur, wie wichtig Bacon war, sondern wie verstörend er immer noch wirkt. Vielleicht liegt hierin der Schlüssel dafür, warum er manchen Lesern »kalt« vorkommt, trotz aller biographischen Beweise hingebungsvoller Freundschaften und persönlicher Loyalitäten, ganz zu schweigen von seinen disziplinenübergreifenden philanthropischen Projekten. Bacon betrachtet mit nüchternem Blick die politischen Realitäten und die Natur, darunter uns Menschen selbst. Er fordert uns auf, die falschen Götzenbilder zu stürzen, die unseren Geist bestimmen, und sie von unserer brennenden Suche nach der Wahrheit fernzuhalten. Wie ich zeigen werde, kennt er sehr wohl unsere innersten Wünsche und seziert sie, um zunächst ihre natürliche Glut herunterzukühlen und sie dann mit dem Ziel eines neuen Eros, nämlich dem der wissenschaftlichen Entdeckungen, neu zu entfachen. Er versucht, unsere selbstgefälligen Meinungen ins Wanken zu bringen, und doch bewirkt sein abgehobener Stil heute bei uns eher kühle Distanzierung. Wenn er uns provoziert, könnte er uns aber durchaus auf die Probe stellen und uns helfen wollen. Und letztendlich müssen wir uns ihm doch stellen, denn *wir heute* leben in seiner Welt: Das Zeitalter, das Bacon voraussah, ist unser heutiges.

Dementsprechend betreffen die vollen Konsequenzen seiner Einsichten auch die Zeit nach ihm, die Moderne und ihre herausragenden Wissenschaftler. Der letzte Teil dieses Buches befaßt sich daher damit, wie sich Forscher wie Kepler, Newton und Einstein mit den Tiefen der Natur auseinandergesetzt haben. In ihren Arbeiten finden sich meine drei Leitmotive intensiv miteinander verwoben. Wie es nun jemandem ansteht, der seinen Weg in die Mitte eines Irrgartens sucht, fühle ich mich bei der Wahl der Methoden zur Suche nach dem Zentrum keinerlei Beschränkungen unterworfen. Das Wort *clue* –

heute in der Bedeutung »Hinweis«, »Indiz« – bezeichnete ursprünglich den (Leit-)Faden, der den Suchenden durch ein Labyrinth führt, und ich werde meine *clues* so präsentieren, wie ich sie vorfinde, sei es in Gilberts Berichten über den Magnetismus, in Bacons Nacherzählungen antiker Sagen oder Viètes Entschlüsselungsmechanismen. Ich werde keine durchgängige Geschichte präsentieren oder einen wissenschaftstheoretischen Überblick, obwohl ich im Verlauf einige Elemente von Geschichte und Wissenschaftstheorie anführe. Somit ist dieses Buch kein wissenschaftsphilosophisches oder -theoretisches Werk im modernen Sinn. Diese akademischen Disziplinen sind relativ neue Abteilungen eines größeren, umfassenderen Ganzen, das ursprünglich *philosophia* genannt wurde, die »Liebe zur Weisheit«. Dieses umfaßte einmal weitaus mehr als das begrenzte und methodologisch eingeschränkte Gebiet, das die moderne Philosophie geworden ist. Ich dagegen werde hier wissenschaftliche Texte einmal als literarische Werke betrachten und nicht nur den wörtlichen Sinn, sondern auch Nuancen und stilistische Feinheiten untersuchen und versuchen, diesen gerecht zu werden. Denn es handelt sich hier um Werke voller Gedanken und Gefühle, die die Herausarbeitung ihrer wichtigsten Fragestellungen geradezu verlangen; von ihrer Qualität her widerstehen sie durchaus der Gefahr der mystischen Verklärung ebenso wie der leichtfertiger Vereinfachungen. Ebenso wie große literarische Werke haben auch große wissenschaftliche Schriften eine zwingende Integrität und eine Kraft der Phantasie, die sorgfältiges Lesen verlangt. In diesem Sinn möchte ich versuchen, den lebendigen Kern dieser Schriften, der unmittelbar uns Menschen betrifft, zu finden und darzustellen, so wie er im Rahmen unserer jetzt bevorstehenden wissenschaftlichen Entdeckungsreise erkennbar wird. Und obwohl ich mich nicht selbst als Philosophen im engsten Sinn bezeichnen kann, fordere ich meine Leser nun zu einer philosophischen Forschungsreise auf.

Mein Ansatz hat sowohl etwas von dem eines »Außenstehenden« wie dem eines »Insiders« und unterscheidet sich in dieser Beziehung auch von anderen Darstellungen, die sich jeweils auf die eine oder die andere Seite beschränken. Beide Perspektiven sind jedoch hilfreich und wichtig. Für den Außenstehenden ist Wissenschaft etwas nicht Selbstverständliches, und er ist eher in der Lage, Seltsames und Bemerkenswertes zu erkennen als ein anderer, der schon lange an wissenschaftliches Denken gewohnt ist. Der Insider ist vertrauter mit der erlebten Erfahrung von Wissenschaft, durch engsten Kontakt und (so darf man hoffen) auch durch Liebe zu seinem Tun. Was für den Insider eine zwingende Begegnung mit der Realität ist, mag dem Außenstehenden als bloße soziale Konvention erscheinen, ein kultureller Unterschied, eine Maske sozialer Dominanz. Es ist schwer vorstellbar, daß man mit dem Bericht eines Reisenden über das Leben eines Ureinwohnerstammes vollkommen zufrieden sein könnte, so einfühlsam und scharfsinnig der Besucher auch sein mag. Man möchte doch, wenn irgend möglich, den Originalton frisch und klar selbst hören. Und hierzu muß man sich mit den Ursprüngen befassen, nach lebendigen Quellen suchen.

Wir stehen am Ausgangspunkt. Hier beginnt das Labyrinth; seine gewundenen Gänge spiegeln die verschlungenen Windungen der Welt wie die des Suchenden. Selbst jenseits wissenschaftlicher Angelegenheiten kann die Suche nach den Tiefen der Natur die tiefgehendsten menschlichen Fragen aufwerfen.

Teil I

Nachtwachen

Die sieben Planeten – Holzschnitt aus einer astrologischen Tafel 1480–1490

Kapitel 1

Die Zuchtmeister

∞

Für Einstein war die Kompaßnadel seines Onkels wie ein offener Fingerzeig auf etwas hinter den Dingen Verborgenes; vielleicht deutete sie auch schon auf seine eigene besondere Richtung im Leben hin. Diese Anekdote bildet zugleich eine Brücke in die Vergangenheit – zu den Ursprüngen der modernen Erforschung des Magnetismus, zu William Gilbert, Leibarzt der Königin Elisabeth I. von England. Gilberts in lateinischer Sprache verfaßtes Buch *De magnete* (1600) (»Über den Magneten«) ist ein aufschlußreiches Dokument sowohl für seine Einsichten in den Magnetismus als auch für die Wege, auf denen er hierzu gelangte. Er war einer der ersten, die Vorstellungen zu naturwissenschaftlichen Sachverhalten mit Hilfe von Experimenten im modernen Sinn testeten; er berichtet auch über den neuartigen Charakter experimentellen Wissens.

Obwohl bereits die alten Griechen und die Römer »Magnetsteine« (natürliche magnetische Gesteine) kannten, war ihnen nicht bekannt, wie man mit ihrer Hilfe Nord und Süd bestimmen konnte. Es waren die Chinesen, die sich als erste dieser Gesteine bedienten, um die Himmelsrichtungen auf See zu bestimmen. Damit waren also selbst die grundlegenden Tatsachen über den Magnetismus im Westen lange unbekannt. Gilbert erfuhr das meiste seiner Kenntnisse von Seeleuten, Handwerkern und anderen Praktikern. Er verachtete andere, die lediglich Meinungen aus Büchern wiederholten, ohne die Erleuchtung der Erfahrung zu nutzen, weil ja das Experiment einen neuen Weg zu verläßlichem Wissen weist. Gilbert ist der Ansicht, daß der Magnetismus auf »verborgenen Dingen« beruhe, »die namenlos sind und unauffällig« – aber auch nicht dunkel und obskur, wie es die Alchimisten angenommen hatten. Um deren mystifizierende Terminologie zu ersetzen, verwendet Gilbert eine einfache Sprache und fordert einen neuen Stil für die philosophische Auseinandersetzung, die geeignet sein sollte, die verborgenen Tiefen der Erde auszuloten. In eben dieser Tiefe, bei Untersuchungen in Bergwerken, findet er Steine, die eine Eigenschaft der erdinneren Substanz enthalten: Sie sind magnetisch. Gilberts neue Einsicht besteht darin, daß die Erde selbst einen großen Magneten darstellt. Die Kompaßnadel richtet sich auf die Pole der Erde aus, weil sie die magnetischen Eigenschaften ihres großen Verwandten teilt, »der Erde, der Mutter alles Seins«. Aristoteles hatte gelehrt, die Erde sei statisch und inert, »ein totes Gewicht mitten im Zentrum des Universums und überall gleich weit von den Himmelssphären entfernt.« Gilbert betont nun, die Erde verfüge bis in ihr Innerstes über Potentiale, Leben hervorzubringen.

Zum Beweis dieser Annahme fertigte er aus Magnetstein ein kleines kugelförmiges Modell der Erde an, das er *terrella* nannte, »kleine Erde«. Er zeigte, daß sich eine kleine, auf der *terrella* befestigte Kompaßnadel oder *versorium* ganz wie ein richtiger Kompaß auf den Nordpol des Modells ausrichtete. Gilbert erschuf also ein Modell der Erde und konnte es aus einer gottgleichen Perspektive vorführen. In diesem Mikrokosmos sah Gilbert eine Parallele zwischen dem Verhalten von Kompaß und *versorium*, die die Analogie zwischen *terrella* und Erde bestätigte.

Gilbert benutzte sein Modell zur Untersuchung der Abweichung von Kompassen vom geographischen Nordpol, der See-

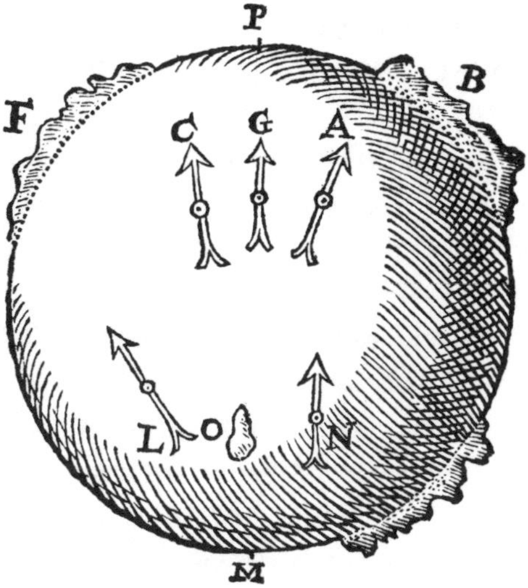

Abb. 1.1: Gilberts *terrella* mit darauf angebrachten Miniatur-»Kontinenten«. Eine kleine Kompaßnadel (*versorium*) im Punkt G zeigt auf den geometrischen Nordpol P, während eine Nadel im Punkt A durch den benachbarten »Kontinent« B abgelenkt wird.

leuten lange bekannt war. Große kontinentale Landmassen aus magnetischem Gestein beeinflussen Kompasse auf vorbeifahrenden Schiffen und lenken die Nadeln ab. Gilbert demonstriert dieses Phänomen, indem er auch seine *terrella* mit derartigen »Landmassen« versieht (Abb. 1.1). Mit Hilfe seines Modells stellt er sogar Überlegungen zu den Bewegungen der Erde an. Gilbert bewundert Kopernikus und macht sich lustig über diejenigen, die annehmen, nicht die Erde drehe sich einmal am Tag um ihre eigene Achse, sondern die immense Fixsternsphäre vollziehe einen solchen Umlauf um die Erde Tag für Tag. Er argumentierte, ebenso wie seine *terrella* rotiere, um sich der Erde anzupassen, müsse sich auch die Erde drehen. Damit schrieb Gilbert also die tägliche Eigendrehung der Erde *magne-*

tischen Ursachen zu. Diese Mutmaßung bestätigte sich in der Folge zwar nicht, sollte aber später noch für Kepler wichtig werden.

Gilberts Experimente brachten ihn dazu, sich noch intensiver mit der Erde und mit Metallen auseinanderzusetzen. Er zeigt beträchtliches praktisches Wissen über den mühseligen Prozeß der Verarbeitung von Eisenerz, das von noch sehr erdiger Beschaffenheit ist, mit Hilfe intensiver Hitze. Er kennt auch das Härten von Stahl durch Eintauchen des rotglühenden Gußeisens in kaltes Wasser. Die Kraft des Wassers verbindet sich dabei mit der Macht des Feuers, und beide zusammen verwandeln so mattes Gußeisen in glänzenden Stahl, der nun gehärtet ist »durch die Spannung widersprüchlicher Extreme«. Gilberts Bestreben, dem Rätsel der Ausrichtung der Kompaßnadel auf die Spur zu kommen, war mit erheblichen Anstrengungen verbunden und dürfte auch seinen Willen »gestählt« haben. Er hinterläßt uns einen Bericht aus erster Hand, wo er selbst in ein Bergwerk steigt und dort Magnetsteine aus dem Muttergestein freilegt, wobei er auf die Orientierung achtet. Dieses Experiment bestätigt seine Ansicht, daß die Erde selbst so etwas wie ein großer Magnetstein ist, denn sie kann ihre magnetische Ausrichtung auf ihr Kind, die *terrella*, übertragen. In einem weiteren Experiment überprüft er dies, indem er in einen Magnetstein-Brocken eine kleine Mine bohrt und darin ebenfalls einen Miniatur-Magnetstein freilegt, eine Art Enkel der Erde. Die exakte Übereinstimmung der Ergebnisse dieser beiden Experimente war nur dann möglich, wenn Erde und *terrella* im wesentlichen gleich waren.

Trotz dieser experimentellen Ansätze teilt Gilbert nicht die Ansicht der Alchimisten – der anderen Berufsgruppe, die zu seiner Zeit experimentell tätig war –, daß man der Natur ihre Geheimnisse durch rohe Gewalt entreißen könne. Die Alchimisten behaupteten, daß Elementumwandlungen (sogenannte »Transmutationen«, zum Beispiel die unedler Metalle in Gold) gewaltsame Eingriffe in die Materie erforderten, insbesondere durch Feuer. In alchimistischen Schriften spricht das Metall aus dem feurigen Schmelztiegel: »Ich werde geopfert, ich erleide unerträgliche Schmerzen, ich bin zerstückelt, und schließlich werde ich umgewandelt.« Ganz im Gegensatz dazu bemerkt Gilbert, daß ein Magnetstein gegen übermäßige Hitze durchaus empfindlich ist und »seine ursprünglichen und angeborenen Kräfte des Anziehens und alle anderen magnetischen Eigenschaften verliert, wenn er zu lange im Feuer gelassen wird«.

Obwohl also das Feuer ein entscheidender Faktor zum Schmieden und Formen von Metall ist, stört es auch gewaltsam die magnetischen Eigenschaften des Erzes. Gilbert diskutiert »jene Zuchtmeister der Metalle, die in vielen unterschiedlichen Prozessen diese auf die Folter spannen«. Gilbert sieht die Erde als Mutter; im Schmelztiegel wird das Eisen geprüft, und es erweist sich, daß es »eher das Kind der Erde ist als jedes andere Metall«, denn es erträgt höchste Temperaturen. Das gewöhnliche Eisen widersteht, erdenhafter als die »edlen« Metalle Gold und Silber, die der Glut des Feuers nichts entgegensetzen können. Obwohl unter Zwang seiner Mutter entrissen, bleibt das Eisen siegreich; es wird nicht zerstört, sondern gereinigt und geläutert. Das Eisen ist das wahre Kind der Erde, denn es ist durch Prüfungen dessen wert befunden, nicht nur durch das Recht der Geburt.

Doch auch Gilbert mußte zunächst zu einem solchen »Zuchtmeister« werden, der dem Mutter-Magnetstein sein Kind entreißt und es schmiedet. Indem er sein Experiment in dem Mikrokosmos der *terrella* wiederholte, konnte er alles aus der Sicht des Schöpfers betrachten und den Überblick über das

Abb. 1.2: Eisen, das beim Abkühlen in Nord-Süd-Richtung geschmiedet wird, nimmt magnetische Eigenschaften an. (SEPTENTRIO. – lat. Norden, AUSTER. – lat. Süden). Darstellung aus Gilberts *De magnete* (1600).

Ganze behalten: »Alle inneren Bestandteile der Erde sind eine Einheit und handeln in Harmonie, und daraus ergibt sich eine Orientierung nach Nord und Süd.« Indem er die Erfahrungen der Bergleute und die Hitze der Schmiede teilte, unterzog er sich selbst einer Art Prüfung, denn ursprünglich bedeutete *Experiment: Erfahrung.* Er entwickelte ein detailliertes und realistisches Bild dafür, wie die Erde abkühlendes Eisen magnetisiert (Abb. 1.2). Außerdem können bestimmte Erze, die urprünglich *nicht* magnetisch sind, durch Erhitzen in mäßigem Feuer magnetisiert werden. Daß mäßiges Feuer magnetisches Verhalten in ansonsten indifferenten Gesteinen erzeugen kann, war überraschend: Es gibt also gewisse empfindliche Verbindungen, die durch mäßiges Feuer gefördert und durch starkes Feuer zerstört werden.

Gilbert teilte die alte Ansicht, daß die mysteriöse Eigenbeweglichkeit von Magneten auf eine Art von Seele hindeutet. Als Arzt war er sich der Bedeutung der richtigen Körpertemperatur bei Lebewesen und der Gefahren von Überhitzung und Unterkühlung bewußt. Er vermutete, rotglühendes Eisen sei »kein Eisen, sondern etwas außerhalb seiner eigentlichen Natur, bis es zu sich selbst zurückkehrt«. Durch die Verformung könne das Feuer auch die magnetische Seele zerstören. Beim Verbrennen von Magnetstein entweicht manchmal ein schwefliger Geruch »des fauligen Bettes oder Untergrundes, in dem der Magnetstein entsteht«, als ob das Muttergestein so etwas wie eine Gebärmutter der Erde sei. Doch auch diese materiellen Ausdünstungen konnten die magnetischen Kräfte nicht erklären, die ja sogar *durch* andere Materialen wie Glas, Gold oder Gestein *hindurch*-wirken.

Magnetismus hängt also für Gilbert von der Form ab. Weißglühendes Eisen hat eine »konfuse, ungeordnete Form und wird deshalb von Magnetstein nicht angezogen, ja verliert sogar seine Anziehungskraft, die es doch einmal erworben hatte.« Wenn die Form des Magneten durch exzessive Hitze zerstört wurde, ist diese Veränderung möglicherweise umkehrbar; weißglühendes Eisen wurde bloß »in Unordnung gebracht«, nicht wirklich »transformiert«. Er vergleicht das Eisen mit der menschlichen Seele, deren Kräfte ja auch in einem verbrannten Körper erhalten bleiben sollten. Die »Form« ist eine Art Seele, in der der Magnetismus gegen äußere Gewalt abgeschirmt werden kann.

Zur Beschreibung dieser magnetischen Seelenhaftigkeit benutzt Gilbert den Begriff *Coition* – »Koitus« – mit all seinen sexuellen Assoziationen. Diese Wortwahl geht zurück bis in die

Antike: »Das Eisen wird durch den Magnetstein angezogen wie die Braut durch die Umarmung ihres Verlobten.« *Coition* impliziert jedoch ein *wechselseitiges* Zusammenkommen, weniger eine einseitige »Bewegung hin zu einer Einheit, wie der Begriff ›Anziehung‹ *(attraction)* gemeinhin verstanden wird«. Der Magnet ist ein Kind der Erde und der Magnetismus die Manifestation ihrer Familienbande, die von beiden ausgehen und nicht nur von der einen oder der anderen Seite. Gilbert erschafft lebendige Bilder von Magneten, die in der Erde »wachsen, wie die Leibesfrucht oder der Embryo im warmen Schoß der Mutter«. Magnetstein und Eisen »treten ins Dasein und entstehen in der gleichen Matrix, in einem Bett, wie Zwillinge«. Er verwirft die astrologische Erklärung, Metalle entstünden aufgrund der Einwirkung der Planeten. Die Metalle bildeten sich vielmehr in einem warmen »Liebesnest« tief im Schoß der Erde, ebenso wie »Blut und Samen bei der Entstehung von Tieren«. Das »erotische Leben« der Erde ist damit reich und fruchtbar; sie teilt ihren Magnetismus mit ihren Kindern als das Zeichen ihrer (Ver-)Bindung.

Das Leben der magnetischen Körper erscheint Gilbert verschieden von dem der Tiere; als Medizin verabreicht sei pulverisierter Magnetstein »oft schädlich, sogar tödlich«. Der Magnet handele durch seine Seele, weil er nicht mit »grober, niederer Materie« genährt worden sei. Er benötige vielmehr die Gemeinschaft von Eisenadern als eine Art Wiege, die an die Stelle der mütterlichen Sorge der Erde trete; anderenfalls könne der Magnetstein altern und verfallen, jedoch nicht irreversibel. Wie die Seele könne der Stein nämlich durch die richtige Anwendung von Hitze und den Kontakt mit anderen Magneten eine »Wiedergeburt« erfahren.

Dennoch ist nicht dies der eigentliche Grund, warum Gilbert nichts von roher Gewalt beim Experimentieren hält. Zwar verwirft er den Begriff von *Anziehung* (*attraction* im Gegensatz zu *coition*), weil dieser für ihn andeutet, daß »Gewalt ins Spiel gebracht wird und eine tyrannische Gewalt herrscht.« So geht seine Beschwörung der Liebe auch mit einer Ablehnung des Krieges einher: Gilbert spricht sich mit größter Verachtung – ironisch, doch mit heftigen Worten – gegen die Ansicht aus, bei der magnetischen Anziehung handele es sich um einen »Kampf mehrerer Kräfte«. Insofern spiegelt seine Meinung im übrigen durchaus auch die seiner königlichen Patientin wider. Königin Elisabeth war eine unerbittliche Gegnerin des Krieges, in dem sie einen gefährlichen Aderlaß für den Staat sah. Obwohl sie entschlossen gegen die spanische Armada vorging, löste sie ihre Streitmacht rasch wieder auf, kaum daß die Bedrohung abgewehrt war. Ihre Schreckensvorstellung vor einem Aufruhr teilte sie mit dem Großteil ihrer Untertanen, die ebenfalls Aufstände und Bürgerkrieg fürchteten. Gilbert haßte die alte geozentrische Kosmologie, denn sie verkörpere »eine universelle Kraft, einen endlosen Despotismus unter der Führung der Sterne und eine haßerfüllte Tyrannei«, die die Fixsterne dazu zwinge, die Erde zu umkreisen.

Seine heftige Abneigung gegen rohe Gewalt leitete sich jedoch letztlich vielmehr aus einer paradoxen Friedfertigkeit ab. Gilbert stellte die magnetische *coition* ähnlich hohen moralischen Kategorien gleich wie Freundschaft und Friedensliebe, und zwar parallel zur »elektrischen *coition*«, seiner Bezeichnung für die statische Elektrizität. Sein Ton wird milder bei der Beschreibung, wie die »delikaten Effluenzen«, die von elektrisch geladenen Substanzen ausgehen, »die Körper, die sie vereinen, umfließen, als lägen sie in ihren Armen, und sie mit den elektrischen Strömen vereint«. Durch seine Ablehnung von Krieg und Gewalt wendet sich Gilbert statt dessen eher Metaphern friedlicher und legitimer Herrschaft zu. In den Polen des

Magneten »hat diese mächtige Kraft ihre höchste Exzellenz; hier ist sozusagen ihr Thron«. Und hier wendet er sich an den irdischen ebenso wie an einen kosmischen Thron. Die gegenseitige *coition* ist das Merkmal der natürlichen politischen Ordnung des Universums, von gegenseitiger Allianz eher denn von tyrannischer Gewalt.

Magnete sind für Gilbert liebenswürdige elisabethanische Subjekte, die sich der friedlichen Liebe ihres Souveräns erfreuen, keine Elemente ungezügelter spanischer Wollust. Magnetische *coition* hat nichts Leidenschaftliches und steht dem heftigen Taumel der geschlechtlichen Erregung fern. Wenn er die Erde und seine *terrella* beschreibt, sagt Gilbert, sie befänden sich »in Einklang und erfreuen sich guter Nachbarschaft: in ihnen ist alles wechselseitige Liebe und unsterblicher guter Wille«. Und nachdem er uns in die »inneren Tiefen« der Erde geführt hat, wünscht er uns, *coition* als etwas im Gedächtnis zu behalten, das

> nicht ungeordnet und konfus [ist], keine heftige Gier von Körper nach Körper, keine irre, chaotische Konfluenz. Hier ist kein Raum für rohe Gewalt, für Zwietracht oder Streit; vielmehr haben wir hier als Bedingung dafür, daß die Welt zusammenhält, ein gemeinsames Handeln – einen Gleichklang der perfekten, homogenen Teile aller Globen und *terrellae* dieser Welt mit einem Ganzen, ein wechselseitiges Zusammenspiel der daran beteiligten Kräfte für Beständigkeit und Dauer, für Richtung und Einheit.

Gilberts universelle Sicht von »wechselseitiger Liebe und unsterblichem guten Willen« erklärt letztlich seine Ablehnung von roher Gewalt. Und doch braucht Eisen, das härteste der Metalle, einen »harten Zuchtmeister«, einen, der die Härte versöhnen kann mit Liebe.

Kapitel 2

Ringen mit Proteus

∞

Die Natur der Dinge offenbart sich bereitwilliger unter der vexatio als in natürlicher Freiheit.

– Bacon, *Instauratio Magna*

Francis Bacon widmete ebenso viele Gedanken der Beherrschung der Politik wie der der Natur. Als Sohn des Lordsiegelbewahrers von Königin Elisabeth I. gelangte er nach und nach in das Amt des Lordkanzlers und stand am Höhepunkt seiner Karriere gleich hinter dem König, was die offizielle Macht betraf. Seine enormen Ambitionen gingen jedoch weit über seine persönliche Karriere hinaus. Er nutzte (vergeblich) seine Beredsamkeit, seinen Herrn, König Jakob I., ein großes Projekt zur Untersuchung der Natur nach ganz neuen Kriterien staatlich fördern zu lassen – die *Instauratio magna*, die »Große Erneuerung«. Bacon wollte einen neuen Typ von Naturphilosophen, der nicht nur respektvoll die Natur betrachten, sondern diese in einen intensiven gegenseitigen Wettkampf führen und auf die Probe stellen sollte. Obwohl zwischen ihm und William Gilbert keine überschwengliche Freundschaft bestand, waren sich beide doch darüber einig, daß ein Ringen mit der Natur zu wichtigen Erkenntnissen führt. Wie ein sorgfältiger Arzt fragte sich Gilbert, ob Säuren seine Magnetsteine »vergiften« könnten. Bacon war frei von solchen Bedenken, wenn er seine Magnetsteine in Säuren tauchte und zu Pulver zermahlte, um auszuprobieren, ob ihre Eigenschaften erhalten blieben. Er verbrannte seine Magneten oder brachte sie auf die schwindelerregenden Höhen der Kuppel der St. Pauls-Kathedrale.

Bacons Beruf als Anwalt und Richter wirkte sich auch auf seine wissenschaftlichen Arbeiten aus. Als Berater der Königin, dann Zweiter Kronanwalt (Solicitor-General, 1607) und schließlich Erster Kronanwalt (Attorney-General, 1613) war Bacon mit allen Aspekten der Beurteilung von Zeugen vor Gericht und ihren Aussagen vertraut. Für seine private, naturwissenschaftliche Forschungstätigkeit stellte er einen ähnlichen Untersuchungsapparat zusammen wie für seine juristische. Mit dessen Hilfe wollte er die Natur durchdringen, deren »echte Formen *(genuine forms)* ... tief verborgen liegen und schwer zu finden sind«. Die Natur soll durch ihre eigenen »Äußerungen«, ihre Reaktionen auf Experimente, geprüft und untersucht werden. Intensive Befragungsprozeduren vor Gericht werden im englischen Recht *examination upon interrogatories* (dt. etwa »Untersuchung im Kreuzverhör«) genannt, und Bacon fordert, »(analog zu dem Verfahren in Zivilsachen) in diesem großen Gerichtsverfahren, das uns durch göttliche Gnade und Vorsehung vergönnt wird (wobei das Menschengeschlecht versucht, sein Recht über die Natur einzulösen), die Natur selbst zu untersuchen mit Hilfe von *examinations*«.

Zur Beschreibung dieser Prozedur benutzte Bacon den lateinischen Begriff *vexatio*, englisch *vexation*. In seinem Sprachgebrauch bedeutet dieses Wort »zwingen« oder »bedrängen«. In vielerlei Hinsicht unterscheidet sich der gemäßigtere, nach innen gerichtete Sinn der *vexatio* von der rohen Brutalität der Folter. Spätere Kritiker Bacons, die ihm vorwarfen, die Natur auf die Folter spannen zu wollen, übersahen diesen Unterschied. Während die kontinentaleuropäischen Rechtssysteme (in der Tradition des griechischen und römischen Rechts) die Folter als Rechtsmittel zur Bestätigung von Indizienbeweisen vorsahen, fand sie im englischen Recht, dem *common law*, keine Anwendung. Dieses überließ es den Geschworenen, den gesetzlich erforderlichen Beweis zu erbringen. Bacon war sich der fehlenden rechtlichen Legitimation für die Folter wohl bewußt. Zwar nahm auch er an Verhören teil, bei denen die Folter angewandt wurde, etwa bei außerordentlichen Fällen, bei denen Verschwörungen gegen den König aufgedeckt werden sollten. Dabei zeigte er sich jedoch widerwillig und äußerte Vorbehalte. In seinen juristischen Schriften machte Bacon keinerlei Bemerkung, die auf irgendein königliches Vorrecht auf die Anwendung der Folter hindeuteten, obwohl er in anderen Fällen durchaus »der Mann des Königs« war. Er schreibt lediglich, daß »in Fällen von Hochverrat Folter zur Aufdeckung, nicht aber als Beweismittel verwendet wird«. Zur gleichen Zeit hatte dagegen Edward Coke, Bacons großer Rivale auf dem Gebiet der Rechtsprechung, keine Bedenken gegen den Einsatz der Folter, auch wenn er später, nach Bacons Tod, feststellen sollte, sie widerspreche in der Tat dem englischen Recht. Beide Männer standen im Dienst von König Jakob, der als König von Schottland vor der Besteigung des englischen Throns auch Hexenprozesse geleitet hatte. Ein Zeitgenosse berichtete aus jener Zeit, Jakob sei »mit Wonne« bei der Befragung der Hexerei angeklagter Frauen dabeigewesen, einschließlich der »seltsamsten« Foltermethoden. Und seine Minister hatten die königlichen Befehle auszuführen.

Auch wenn die *vexatio* keine physische Folter ist, handelt es sich doch um eine intensive, bis an die Grenzen des Beschuldigten gehende Verhörmethode. Bacon rechtfertigte diese Praxis mit dem dringenden Bedürfnis der leidenden Menschheit nach Erleichterung durch Aufklärung von Verbrechen. Entscheidendes Element von Bacons Religion war eine Überhöhung der Barmherzigkeit, insbesondere der Heilung von Krankheiten und Gebrechen. Nach Bacons Ansicht war Jesus als Erlöser immer darauf bedacht, daß »der Körper des Menschen stets der Nahrung bedarf, der Abwehr äußerlicher Verletzungen und Medizin. ... All seine Wunder kamen dem menschlichen Körper zugute, seine Lehre der menschlichen Seele. ... Es gab kein Wunder der Rechtsprechung, sondern nur der Gnade, und alles bezog sich auf den menschlichen Körper.« Zur Nachahmung dieser göttlichen Barmherzigkeit muß der Mensch »nicht nach einer ›Güte als Selbstzweck‹ *(retired or particular to himself)*« streben, »sondern nach einer fruchtbaren und produktiven *(begetting)* Güte.«

In den Erläuterungen dieser Positionen und deren Zusammenhang mit seinen Bestrebungen, auch die Natur der *vexatio* zu unterziehen, geht Bacon über rechtliche Metaphern hinaus. Er bezieht sich nicht so sehr auf Beschreibungen zeitgenössischer naturwissenschaftlicher Experimente, vielleicht weil er fühlte, daß diese sich immer noch in einem nicht ausgereiften Anfangsstadium befanden. Statt dessen kehrt er zu den ältesten Mythen zurück, um Bilder und Geschichten zu finden, die für sein Vorhaben geeignet sein könnten. Dies dürfte teilweise auch deshalb geschehen sein, weil er sich an ein in klassischer Literatur belesenes Publikum richtete, dem die neue, im Entstehen begriffene Naturwissenschaft fremd und verwirrend erschien. Doch mehr noch vermutete Bacon, daß diese alten Erzählungen unter einem Schleier der Allegorie entscheidende Schlüssel für die Zukunft enthielten.

Bacon illustriert den Kampf um die Geheimnisse der Natur mit der Geschichte von Proteus, dem weissagenden Meergreis. Homers *Odyssee* erzählt von dem griechischen Helden Menelaos, der mit seinem Schiff auf dem Rückweg vom Trojanischen Krieg auf mysteriöse Weise vor der ägyptischen Küste in eine Flaute geriet. Er fühlte, daß er etwas getan hatte, das den Göttern mißfiel, und suchte Hilfe bei dem im Meer lebenden Proteus. Dieser war ein Unsterblicher, der seine Gestalt verändern konnte. In Homers Version erweckte Menelaos das Mitleid von Proteus' Tochter, die ihm riet, ihren Vater im Schlaf zu packen und festzuhalten, denn er würde sonst zu fliehen versuchen, indem er sich in irgendein Tier oder Element verwandelte. Menelaos könne erst dann loslassen, wenn Proteus seine normale Gestalt wieder angenommen habe; erst dann würde er Antworten auf seine Fragen erhalten.

In seiner eigenen Version schreibt Bacon, Proteus sei als ein Hirte Poseidons ein Prophet gewesen, »der Bote und Kundschafter aller Geheimnisse der Antike«. Bacon interpretiert Proteus als Symbol für die »Materie – das älteste aller Dinge, gleich nach Gott«, und erläutert dann, wie der Mensch mit Hilfe des wissenschaftlichen Experiments als einem geplanten, zielgerichteten Vorhaben in der Lage sein soll, auch der Natur Geheimnisse zu entwinden, ähnlich wie Menelaos dem Proteus seine Geheimnisse entreißt. Bacon erklärt, daß »die *vexatio artis* sicher etwas Ähnliches ist wie die Stricke und Fesseln des Proteus, die die ultimativen Kräfte und Kämpfe der Natur offenbaren«. Diese Befragungsprozedur erfordert zwar Stricke und Fesseln, doch handelt es sich nicht um eine Folterszene. Im Kampf zwischen Proteus und Menelaos kämpfen *beide*, werden beide geprüft. Auch der Forscher ist nicht sich selbst genug, formt sich nicht allein selbst; alles hängt von einer Begegnung von Kräften jenseits des Selbst ab. Bei Homer kämpfen Menelaos und seine Gefährten mit bloßen Händen mit dem Greis, während Bacons »geschickter Diener der Natur« »mechanische« Hilfen benutzt: Handfesseln und Ketten. Was bei Homer eine Prüfung von Stärke und Mut im Kampf Mensch gegen

Gott ist, wird bei Bacon weniger von persönlichen Werten der beiden Kämpfer abhängig. Bacon spricht von »*einem jeden* geschickten Diener der Natur« und betont, daß ein einzigartiger Held wie Menelaos nicht mehr erforderlich ist; viele Suchende können gemeinsam an den Gott herantreten und ihn zu einer Antwort zwingen (Abb. 2.1).

Dennoch muß der »Diener der Natur« – Bacons Symbol für den Naturwissenschaftler – qualifiziert und durchhaltefähig sein. Bei Homer wurde Menelaos durch Proteus' Tochter auf den Kampf vorbereitet. Es gibt eine Zeit und eine angemessene Vorgehensweise, um Proteus daran zu hindern, in einer seiner zahlreichen Verwandlungen zu entkommen. Dagegen erwähnt Bacon die Tochter in seiner Erzählung nicht, sondern Proteus stellt den Forscher ebenso auf die Probe wie dieser ihn; ihre Prüfung ist gegenseitig und hat ein festgesetztes Ende, nach dem die Anwendung von Zwang enden muß. Dies ist dann der Fall, wenn Proteus wieder seine ursprüngliche Form angenommen hat; die *vexatio* des Forschers ist nutzlos, wenn er diese Form nicht erkennen und Proteus wieder in seine Freiheit entlassen kann. Wenn Proteus zu sprechen beginnt und nun selbst Fragen an seinen Befrager stellt, muß der Held seinen Griff lockern. Festhalten allein genügt nicht; zu guter Letzt muß der Gott losgelassen werden zur Antwort und zu Gegenfragen an den Forscher.

Bacons Diener der Natur kämpft mit einer niederen Gottheit, mit der Materie, und nicht direkt mit Gott. Anders als einige seiner Zeitgenossen zeichnet Bacon Proteus gottgleich, nicht als Bild der gefallenen Natur. Der Diener der Natur handelt so, als könne er Materie zu Nichts verwandeln, aber er weiß, daß seine Stärke nicht wirklich zerstören kann. Und doch verursacht seine Kraft vielfältige Veränderungen, bis die Natur schließlich wieder ihre ursprüngliche Gestalt annimmt und

Abb. 2.1: Giulio Buonasuone, Proteus und Aristaeus (Achille Bocchi, *Symbolica quaestiones*, 1574).

das Geheimnis enthüllt. Wie Bacon sagt: »Alles, was der Mensch erreichen kann, ist, natürliche Körper zusammenzufügen und wieder zu trennen. Der Rest wird von der darin innewohnenden Natur erledigt.«

Bacon betont den Zeitpunkt für das Zusammentreffen mit Proteus. Es muß Mittag sein, die Zeit, die Bacon als den genauen Moment der Schöpfung ansieht. Dem Diener zeigt sich die Materie in allen möglichen Formen – der Form der Formen –, nicht einer einzigen, isolierten. Der Moment des Kampfes mit Proteus ist immer ein Moment der Schöpfung, geladen mit göttlichen Energien, die bereit sind, ihr Geheimnis dem richtig vorbereiteten Forscher zu enthüllen, dem, der sie nicht nur als Spektakulum betrachtet, sondern ihre wirbelnde Kraft aktiv befreit. Die wechselnden Formen des Proteus sind für den unvorbereiteten Betrachter bedeutungslos, doch Vorboten wahren Wissens für den rechtmäßigen Diener der Natur. Dies ist eine Prüfung von Stärke und Auszeichnung auf höchster Ebene, die nur bestehen kann, wer richtig vorbereitet ist, so wie es Menelaos und der Diener der Natur sind. Die Materie ist das älteste Kind der Schöpfung und antwortet ohne Ausflüchte auf das Fegefeuer des Experiments. Die Majestät der Natur verlangt ein angemessenes Handeln. In unveröffentlichten Schriften vergleicht Bacon die Natur mit einer gefangengenommenen Königin, doch anstatt sie als Sklavin zu behandeln, ruft er seinem »lieben, lieben Sohn«, dem Diener der Natur, zu, sich mit ihr in einer »reinen, heiligen und gerechten Ehe ... mit den Dingen selbst« zu vereinigen. Die Natur wird hier zur Ehefrau erhoben.

Obwohl Bacon spürt, Gott habe dem Menschen aufgetragen, die Natur einer intensiven Befragung zu unterwerfen, ist er sich Fällen bewußt, wo Experimente grausam oder inhuman sein können.

> Denn es wäre allzu inhuman, Forschungen zu betreiben, bei denen man unversehrten Tieren den Fötus aus dem Leibe schneidet, außer bei bestimmten Gelegenheiten wie Fehlgeburten, der Jagd oder ähnlichem. Es sollte daher eine Art Nachtwache über die Natur eingerichtet werden, für die Fälle, wo sie sich bei Nacht besser als am Tag zeigt. Diese könnten dann als Nachtstudien betrachtet werden, weil unser Licht nur schwach ist und ständig verbrennt.

Bacon sieht die Gefahr, daß ungezügeltes Experimentieren zu irreführenden oder verzerrten Antworten der Natur führen könnte; Folter ist unnütz, weil sie zu falschen oder entstellten Geständnissen führt. Wie bereits Gilbert bemerkt hatte, neigt der Experimentator durch übermäßiges Erhitzen seines Reaktionsgefäßes dazu, die Resultate zu verzerren und zu verfälschen. Wenn man der Natur ihre Geheimnisse entlocken will, ist dazu ein besonderer Respekt für ihren Adel und ihre bestimmende Herrschaft notwendig. Bacon erinnert uns daran, daß »man die Natur eher täuschen als zwingen kann«. Weil man sie nicht unterwerfen kann, »muß man der Natur, die man erobern will, gehorchen«. Der Mensch kann die inneren Hallen der Natur nicht betreten, ohne ihrer inneren Größe zu begegnen, doch er muß bereit sein für ein intensives Ringen, bei dem er mit der Natur verschmilzt. Dann hängt alles von der Seele des Suchenden ab.

Teil II

Eros und Wissenschaft

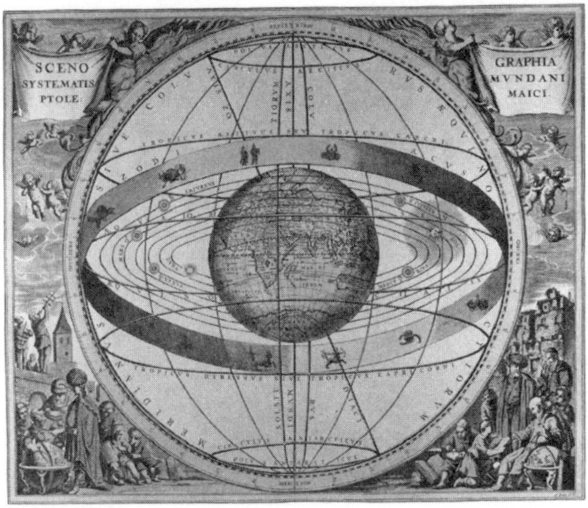

Das geozentrische Weltbild stellte die Erde in den Mittelpunkt des Universums. © Astrofoto, Sörth

Kapitel 3

Der hinkende Forscher

∞

Ebensowenig darf übersehen werden, daß die Sphinx durch einen lahmen Mann mit verkrüppelten Beinen bezwungen wurde; denn die anderen Männer gingen in der Regel zu schnell und zu eilig an die Lösung der Rätsel der Sphinx, was zur Folge hatte, daß die Sphinx sie besiegte ...

– Bacon, »Sphinx, or Science«

Der Forscher muß, bevor er richtig mit der Befragung der Natur beginnen kann, sich selbst bestmöglich vorbereiten. Dabei handelt es sich nicht bloß um eine rituelle oder symbolische Läuterung. Er muß sich »stählen« in genau dem gleichen Sinn wie das Schwert, das rotglühend erhitzt und dann in kaltes Wasser getaucht wird, wobei Eisen zu Stahl wird: Die Extreme von Hitze und Kälte treiben Schwächen aus, die die Klinge brüchig machten. Austreiben muß sich der Forscher allzu menschliches Halb- und Scheinwissen, gefeit muß er sein, muß eine Art Keuschheit erlangen, die immun ist gegen die Verführungen des bloßen Scheins. Bacon fordert warnend »jeden Studierenden der Natur [auf], ... alles, was sein Geist ergreift und worauf er mit besonderer Befriedigung ruht, mit Mißtrauen zu betrachten«. Andernfalls könne der Forscher seine eigenen Trugbilder irrtümlich für die Geheimnisse Gottes halten. Der Geheimnisse liebende Schöpfer stellt unseren

Scharfsinn bis aufs äußerste auf die Probe, wie schon Salomo spricht: »Es ist Gottes Ehre, eine Sache zu verbergen, aber der Könige Ehre ist's, eine Sache zu erforschen.«

Nichts kann von der Erforschung ausgeschlossen werden, weder Schlangen noch Gifte noch Infektionen. Gott werde den Forscher vor jeder Verderbnis schützen und ihm sogar auftragen, furchtlos zu suchen: »Auch soll niemand denken, er versuche dadurch Gott; denn sein Fleiß und die Vollständigkeit der Untersuchung wird sogar verlangt; und *Gott reicht aus, dich unbefleckt und rein zu erhalten.*« Bacon greift auf die Heilige Schrift zurück, um den Forscher dieser göttlichen Erlaubnis zu versichern. Doch wie kann er blinde, falsche Vorannahmen vermeiden? Der menschliche Geist ist kein zuverlässiger Spiegel der Welt, wie es Aristoteles gelehrt hatte, sondern ein »verzaubertes Glas, voller Vorurteile, Lug und Trug, wenn er nicht befreit und auf das Wesentliche reduziert wird.« Unsere Sicht ist verzerrt und deformiert, sie wird beherrscht durch die Idole gemeiner Verblendung. Wissenschaft kann nur dann voranschreiten, wenn es Mittel und Wege gibt, den Geist von seinen Illusionen zu befreien.

Die Geschichte mit der Sphinx weist den Weg. Die geflügelte Jungfrau lag im Hinterhalt zu Theben, bereit, jeden Wanderer mit ihren Klauen zu töten, der ihr Rätsel nicht lösen konnte: Was wird vierbeinig geboren, wird danach zweibeinig, dann dreibeinig und schließlich erneut vierbeinig? Die Sphinx ist ein Symbol für die Wissenschaft, die »zwar den Ignoranten und Ungeschickten als ein Wunder erscheint, dennoch wäre es absurd, sie tatsächlich als etwas ›Monströses‹ oder gar als ›Wunder‹ zu bezeichnen.« Bacon verwendet den Begriff *monster* hier im Sprachgebrauch seiner Zeit, gleichbedeutend mit »Wunderding« oder »wundersame Sache« *(marvel or prodigy)*. Die aristotelische Wissenschaft hatte »Monster« als Ausnahmen und Abweichungen vom normalen Lauf der Natur nicht berücksichtigt; in der Kritik dieser Tradition bezeichnet Bacon die neue Wissenschaft selbst als »Wunderwerk« *(wonder)*, das aber Deformationen ausdrücklich nicht ausschließt.

Jede Eigenschaft der Sphinx ist das Bild eines Aspekts von Wissenschaft. »In Form und Aussehen wird die Sphinx dargestellt als vielgestaltig, in Anspielung auf die ungeheure Vielfalt von Themen, mit denen sich die Wissenschaft beschäftigt. Sie sollte das Gesicht und die Stimme einer Frau haben, aus Respekt vor ihrer Schönheit und der Leichtigkeit ihrer Äußerungen. Sie trägt Flügel, weil sich auch die Wissenschaften und ihre Entdeckungen augenblicklich verbreiten und davonfliegen....« Trotz einiger menschlicher Eigenschaften ist die Sphinx ebenso wie die Wissenschaft vielgestaltig und mehr als menschlich. Die weibliche Schönheit ihrer Stimme und ihres Gesichts verbindet sie mit den Sirenen, deren betörenden Gesang Bacon an anderer Stelle noch als ein Sinnbild der Lust behandeln wird. Anstatt mit überwältigendem Liebreiz zu quälen, packt die Sphinx ihre Opfer mit ihren krallenbewehrten Klauen, wie auch wissenschaftliche Fragen den Geist mit einer betäubenden Faszination ergreifen. Die praktische Wissenschaft ist keine distanzierte und unpersönliche Wahrnehmung aus der Ferne, sondern lebendiges, gar schmerzhaftes Erleben.

Obwohl Bacon von Schmerzen spricht, ist er sich auch der Freuden bewußt, die die wissenschaftliche Faszination begleiten. Die »harten Fragen und Rätsel« kamen ursprünglich von den Musen und waren nichts Grausames, bis die Sphinx ihrer habhaft wurde. Am Anfang ist Wissenschaft reine Lust, die Freude ungezügelten Forschungsdrangs. Wenn jedoch dann unvermeidlich die Kontemplation zur praktischen Anwendung führt, taucht manches grausame Dilemma auf, insbesondere wenn Sachzwänge wie etwa die Staatsräson unverzügliches Handeln erfordern. Bacon berücksichtigt immer die politische Dimension von Wissenschaft, denn sie gibt der Menschheit neue Macht. Er bemerkt, daß Kaiser Augustus die Sphinx in seinem Siegel führte, weil auch er große Aufgaben in seinem politischen Leben gelöst hatte. Nach der Ermordung von Julius Caesar war Augustus ein zweiter Ödipus, der Rom von der sphinxähnlichen Gefahr eines Bürgerkrieges befreite; er ergriff das neue Geheimnis der politischen Macht und schmiedete das römische Weltreich. Der Wissenschaftler, der das Rätsel der Sphinx löst, ist »für das Imperium, die Kaiserherrschaft geboren«, wie es Bacon unverblümt darstellt, eine Herrschaft nicht nur über die Natur, sondern auch über die Menschen.

In Bacons Darstellung ist der Wissenschaftler kein unpolitischer Diener, der seine Entdeckungen demütig und bescheiden seinem Meister überbringt, sondern übernimmt selbst die Verantwortung. Menschen, die eine solche Macht ausüben, sollten darauf vorbereitet und geläutert sein. Die Rätsel der Sphinx stellen eine tödliche Gefahr dar und zugleich einen ungeheuren Preis, den es zu gewinnen gilt: »Ablenkung vom Wesentlichen und Zerreißen des Geistes, wenn die Lösung mißlingt; bei Erfolg: ein Königreich.« Tatsächlich zerreißt auch die Sphinx jeden, der scheitert, in Stücke.

Ödipus ist ein Lahmer, weil er als Säugling von seinem Vater ausgesetzt wurde und nach alter Tradition die Füße durchstochen und zusammengebunden bekam, damit er umkommen sollte. Er wurde gerettet, konnte aber zeitlebens nicht richtig laufen. Er kann aber das Rätsel der Sphinx gerade wegen seiner eigenen Lahmheit lösen. Anstatt verkrüppelnde Behinderungen zu sein, führen diese Wunden gerade erst zur Lösung des Rätsels: Seine Lähmung verlangsamt ihn und läßt ihn be- und ergreifen, woran andere vorüberrennen. Sein griechischer

Name bedeutet »Schwellfuß«(wörtlich: »der an den Füßen Verwundete« *(oidi-pus)*) und zugleich »der, der sieht und weiß, weil er auf seinen eigenen zwei Beinen steht« *(oi-di-pus)*. Als Ödipus vor der Sphinx stand, muß ihr Rätsel tief in seinem Innern etwas zum Schwingen gebracht haben, denn es betraf die Füße eines Lebewesens und deren Zahl. Ödipus mußte sich mehr als jeder andere mit seinen Füßen beschäftigen, beginnend mit dem einen, zusammengebundenen Glied, für das sein Vater einst verantwortlich war, dann die vier, mit denen die meisten von uns zu krabbeln beginnen, und den beiden, auf denen wir gehen. Ödipus antwortet »prompt«, wie Bacon sagt. Das mißhandelte und ausgesetzte Kind wurde zu dem Mann, der das berühmte Rätsel lösen konnte. Bacon läßt sich nicht weiter über die dunkleren Seiten der Geschichte aus: Verstümmelung und Aussetzung durch die Eltern, Vatermord, Inzest und Selbst-Blendung. Ich glaube, Bacon hoffte, daß »seine« neuen Wissenschaftler, Ödipus' spirituelle Erben, in ihrer größeren Weisheit die tragische Krise vermeiden würden, die ihren Urahn überwältigte. In Bacons Erzählung triumphiert Ödipus; seine Verletzung erlaubt es ihm, sich der Sphinx so langsam und vorsichtig zu nähern, daß er sie besiegen kann.

Bacons Verknüpfung von Lahmheit und Einsicht gilt auch für andere Wissenschaftler. Sowohl Newton als auch Einstein erzielten ihre größten Leistungen, eben weil sie qualvoll *langsam* denken konnten. Tatsächlich lassen sich bei Wissenschaftlern in weit größerem Maß als bei der übrigen Bevölkerung Perioden längerer Krankheit oder Behinderung in der Kindheit nachweisen. Vielleicht wollte Bacon auch zum Nachdenken über die außerordentlichen Schicksale einiger Lahmer hinweisen, darunter König Jakob selbst und Bacons eigener Bruder Anthony. Francis hielt Anthony für den aktiveren und fähigeren Geist, trotz seiner »unfähigen Füße«. In Bacons Neuer Wissenschaft spiegelt sich Anthonys Kombination von Lahmheit und Einsicht. Francis schätzte auch seine eigene Gesundheit als schwächlich ein, aber er verstand angesichts seines Bruders und Ödipus' den paradoxen Vorteil einer Behinderung, die das Verlangen anstachelt, Spott und Verachtung entrinnen zu wollen. Behinderungen lenken auch Neid ab; Schwäche inspiriert Vertrauen. Oder, etwas dunkler formuliert: Menschen, die von der Natur verstümmelt worden sind, könnten sich an ihr rächen wollen; sie könnten frei sein von Gefühlen natürlicher Zuneigung zu ihr. Der Charakter von Shakespeares König Richard III. ist genauso deformiert, wie sein Körper mißgebildet ist.

Nur einigen wenigen mißgestalteten Menschen gelingt es, nicht auch innerlich deformiert zu sein. Sie sind »extrem stark« und manchmal exzellent; zu diesen zählte Bacon Sokrates. Die Mißgebildeten werden durch den Glauben nicht geheilt; in außerordentlichen Fällen hilft ihnen aber ihre Behinderung, während sie mit diesem Glauben ringen. Bacons Ödipus macht seinem Vater keine Vorwürfe, aber er könnte der Natur welche machen. Dennoch besiegt er die Neigungen seines geschundenen Körpers durch »Disziplin und Tugend«. »Prompt« erkennt er sich im Rätsel der Sphinx selbst wieder, *weil er dem Menschen in des Rätsels Lösung nicht entspricht.* Er selbst hatte mit nur einem (zusammengebundenen) »Bein« begonnen und konnte so eine Wahrheit erfassen, die allen anderen durch allzu große Vertrautheit verborgen geblieben war.

Ödipus' Verletzung ist der Weg zu einer neuen Art des Wissens. Es verwandelt Behinderung in eine Quelle tiefer Einsicht. Bacon führt näher aus, daß Ödipus die Sphinx tötete; in den alten Sagen tötete sie sich selbst. Der Impuls, sich an der Natur zu rächen, hat sich gewandelt hin zur Auslöschung des menschlichen Leidens. Die Sphinx droht allen Menschen mit ihrem Rätsel, bis es gelöst ist. Das Gespenst des Todes steht an jedem Stadttor. Indem Ödipus die Sphinx und nicht die Natur tötet, transformiert er das Gefühl der Rache in einen Angriff auf die monströsen, die Menschen bedrohenden Rätsel, der den Angreifer selbst adelt.

Um über den Fall des einzelnen Suchenden, des einzelnen Forschers hinauszugehen, erzählt Bacon auch die Geschichte des Prometheus neu, des Titanen, der den Göttern das Feuer stahl und es den Menschen gab und dadurch bestraft wurde, daß ein Adler seine immer wieder nachwachsende Leber fraß und er dadurch große Schmerzen erdulden mußte. Mit der »Schule des Prometheus«, von der er schreibt, meint Bacon schließlich »eine weise und vorausdenkende Klasse von Männern«, die durch ruhelose Forschung versucht, das Los der Menschheit zu verbessern. Doch mit ihrer verzehrenden Arbeit, ständigen, nagenden Zweifeln, quälen sie sich auch selbst. Ihr inneres Leiden reflektiert ihre *vexatio* der Natur. Nur Herakles, der römische Herkules, das Sinnbild für Stärke und Beständigkeit des Geistes, kann sie von ihren Qualen erlösen, wie es der antike Mythos prophezeite. Doch Prometheus war auch ein Verbrecher; er hatte versucht, die Göttin Minerva zu vergewaltigen, um durch rohe Gewalt zu göttlicher Weisheit zu gelangen. Dies war Bestandteil seines größeren Plans, den Menschen, die es nicht vermeiden können, maßlose Verlangen zu äußern, göttliche Geheimnisse zu bringen. Diese ungezügelte erotische Qualität des prometheischen Strebens muß gebändigt und geläutert werden. Auch Prometheus überschritt die Grenze zwischen den Bereichen des Göttlichen und der Wissenschaft, und um Prometheus' Schicksal zu vermeiden, gilt: Eine gewisse Läuterung ist auch dazu erforderlich, daß Wissenschaft nicht durch Legenden verunreinigt wird oder Religion zur Häresie verkommt. Andernfalls könnte die Wissenschaft ihre Stärke mit verlockenden, aber leeren Visionen vergeuden, denen es an Kraft fehlt, der Menschheit zu helfen.

Das rastlose Streben findet sein ureigenes Objekt im Aufdecken der Geheimnisse der Natur, doch die Glut des Forschers muß gemäßigt werden. Denn, wie ich im weiteren noch ausführen werde, jene Geheimnisse der Natur sind in einer ihnen eigenen symbolischen Sprache codiert und nicht in menschlichen Sprachen abgefaßt. Und zu ihrer Lösung bedarf es nicht nur einer Handvoll seltener Geister, sondern vielmehr einer langen Reihe zahlreicher Arbeiter, die alle in einer Form zusammenwirken, die Bacon als *machine* bezeichnete – ein hoch strukturiertes Unternehmen, das viele Personen mit unterschiedlichen Begabungen benötigt, um den Code zu entschlüsseln. Bacon nennt dieses große Gemeinschaftunternehmen »Spiele des Prometheus«, um an die legendären Fackelläufe zu erinnern, die den feuerbringenden Titan ehrten. Einzelne, hinkende Helden wie Ödipus bereiten den Weg für ganze Wellen von Läufern, die ihnen folgen. In diesem Staffellauf vereinigen die einzelnen Teilnehmer ihre Wünsche hin zu jenen neuen, gemeinsamen Zielen und weg von den auf Trennung abzielenden Formen des privaten Eros.

Nur die Menschen, deren Aufmerksamkeit durch Disziplin geschärft wurde, sind in der Lage, den Code zu entschlüsseln. Der Prozeß der Entschlüsselung verlangt so viel Erniedrigung und schmerzhafte Versuche, daß dadurch die Entschlüßler nüchtern, geläutert und bescheiden werden. Wegen dieser notwendigen Vorsichtsmaßnahmen, die Bacon dem Streben Gottes und der Natur nach Verborgenheit zuschreibt, wird jeder Versuch, die Lösung des Rätsels mit nackter Gewalt zu erreichen, nicht nur mißlingen, sondern kann sogar vernichtend auf den Forscher selbst zurückfallen, denn »Gewalt macht die Natur [nur] noch gewalttätiger, wenn sie zurückschlägt«.

Wenn dies aber tatsächlich so ist, dann hat Bacon der Menschheit ihre Hoffnung wiedergegeben, und zwar nicht die blinde Hoffnung, die der alte Prometheus den Menschen gegeben hatte. Wissenschaftliche Hoffnung verläßt sich vielmehr jetzt auf »eine wahre und legitime Vermählung *(marriage)* zwischen dem empirischen und dem rationalen Möglichen«. Wo es Prometheus mit Vergewaltigung versuchte, wird die Wissenschaft die Freuden der Ehe genießen.

Kapitel 4

Prometheus' Kinder

∞

Hier meine Welt, mein All!
Hier fühl ich mich;
Hier alle meine Wünsche
In körperlichen Gestalten.
Meinen Geist so tausendfach
Geteilt und ganz in meinen teuern Kindern.

– Goethe, *Prometheus*

Mit seinen Versionen der Sagen von Ödipus und Prometheus macht Bacon deutlich, welche Anstrengungen tatsächlich erforderlich sind, um sich den Geheimnissen der Natur zu nähern, ohne voreiligen Fehlurteilen oder Täuschungen zum Opfer zu fallen. Und doch dürfen diese harten Prüfungen das Verlangen des Forschers nicht schwächen, sondern müssen ihn in neue Richtungen lenken. Bacon verwendet mehrere Mythen, um diese Wandlung jenes »Eros« des Forschers zu beschreiben. Er beginnt mit Vulkanus, dem römischen Gott der Schmiede (dem griechischen Hephaistos), der wie Ödipus von einem Verwandten verwundet worden war und hinkt. Er ist der ursprüngliche Hüter des Feuers, das Prometheus stahl. Vulkans Lahmheit ist der Preis für seine Meisterschaft als Handwerker. Auch sein Liebesleben ist erlahmt; obwohl er die Göttin der Liebe heiratet, betrügt sie ihn.

Vulkan war nicht gezeugt worden und hatte im Vergleich zu

anderen Göttern wenige Kinder. Statt dessen erbaute er Automaten und sich selbst bewegende, erstaunliche Apparaturen, deren Eigenschaften die lebender Wesen imitierten. Er erschuf sogar ein menschliches Wesen, Pandora, die Inkarnation der Sinnlichkeit. Ebenso wie bei Prometheus wurde auch Vulkans Lust durch die Göttin der Weisheit erregt, und er versuchte, sie zu zwingen, als sie seine Avancen zurückwies. Doch sogar eine Vergewaltigung mißglückte ihm: »Im darauffolgenden Kampf fiel sein Samen auf die Erde; aus diesem entstand Erichthonius, ein Mann mit wohlgestaltem Oberkörper, aber mit Schenkeln und Beinen dünn und mißgebildet wie ein Aal: ... aus dem Bewußtsein dieser Fehlbildung erfand jener als erster den zweirädrigen Streitwagen, wo er den schönen Teil seines Körpers zeigen konnte und den anderen verbergen.«

Bacon interpretiert diesen Übergriff als ein Bild für eine wissenschaftliche Hinterlist, mit deren Hilfe versucht werden soll, »durch eine starke *vexatio* von Körpern der Natur ihren Willen aufzuzwingen und sie zu erobern und zu unterwerfen«. Obwohl die Vergewaltigung mißlingt, ist Vulkans Samen noch fruchtbar. Er führt zum Streitwagen und anderen schätzenswerten technologischen Fortschritten, die jedoch »lahm« sind im Gegensatz zu wahrer wissenschaftlicher Erkenntnis. Die Anhänger Vulkans, Verehrer von Kraft und Feuer, gelüstet es nach praktischen Ergebnissen; sie ignorieren das Locken der Natur nach den Regeln der Kunst und behandeln sie wie eine Sklavin, um ihre Wünsche und Verlangen zu befriedigen. Auf diese Weise wird auch Atalante[1] von ihrem Wettlauf abgelenkt,

---

[1] Die arkadische Jägerin Atalante forderte ihre Freier auf, mit ihr um die Wette zu laufen; verloren sie, wurden sie von ihr getötet. Menileion überlistete Atalante, indem er ihr drei goldene Äpfel der Aphrodite in den Weg warf, die sie auflas und so das Rennen verlor. (A. d. Ü.)

als sie ihrem Verlangen nachgibt und die goldenen Äpfel aufliest, die auf ihrem Weg liegen. Wissenschaftler geraten oft in Versuchung, sich der unmittelbaren Bedürfnisbefriedigung in Form von Profit zuzuwenden. Bacon versteht also durchaus die Schwierigkeiten, die Wünsche der Wissenschaftler hin zu einem höheren, aber weiter in der Zukunft liegenden Ziel zu lenken, das er als *das Licht* bezeichnet.

Dementsprechend kritisiert er bei den von ihm erwähnten Mythen den »gemeinen Eros« und lenkt ihn um zu seinem neuen Ziel. Diese Kritik betrifft weniger die konventionellen Geschlechtsrollen, so wichtig diese auch sein mögen. Phrasen wie »die Söhne der Wissenschaft« zeigen, daß Bacon die männlichen Vorurteile seiner Zeit durchaus teilte, wie übrigens auch die brillante Königin Elisabeth. Solche selbstbeschränkenden Ansichten waren schon damals alt und fest verwurzelt; ihre Auswirkungen prägten die Gesellschaft damals wie heute. Bacon kritisierte vielmehr die Ehe deswegen, weil das süße Familienleben den Mann davon abhalte, sich dem Gemeinwohl zu widmen. Seine eigene Ehe war kinderlos und womöglich unglücklich, wenn auch für Spekulationen über seine sexuelle Identität letzte Gewißheit fehlt. Jedenfalls beschäftigte er sich mit einem geradezu proteischen Spektrum von Gefühlen, das nicht auf die konventionellen Kategorien von Männlichkeit und Weiblichkeit begrenzt werden kann. Er verstand, daß Wissenschaft, wenn sie dazu da ist, die Tiefen der Natur auszuloten, auch hinter den äußeren Erscheinungsformen suchen muß, um sich mit verborgenen Wünschen auseinanderzusetzen. Dies gilt insbesondere dann, wenn sich die Wissenschaft daranmacht, Eros, ihren »eigenen Eros«, selbst neu zu formen. Alles in allem ist Bacons Cupido kein schelmischer Bogenschütze, sondern wird verkörpert durch die unpersönliche Anziehung von Atomen. Ironischerweise hat sein Cupido auch keine Eltern, sondern ist ein »bei Nacht gelegtes Ei«; der erotische Impuls kommt aus einer atomaren Ur-Tiefe.

Bacons dunkelste Vermutungen über die Leidenschaft treten in seiner Version der Geschichte des Dionysos, des Gottes der Fruchtbarkeit, hervor. Hier ist Eros ein verzehrendes Feuer; Dionysos' Mutter Semele wurde versengt, als sie Zeus nackt sehen wollte. Danach hinkte auch der König der Götter, als er das von ihm gezeugte Kind in seinem Oberschenkel austrug, und teilte so mit Ödipus und Vulkan jene kreative Deformation.[2] In Zeus' seltsamer Mutterschaft spiegelt sich auch die sexuelle Ambiguität seines Kindes, »denn jede Leidenschaft der heftigeren Art scheint Elemente beiderlei Geschlechts in sich zu tragen, hat sie doch zugleich die Kraft des Mannes und die Schwäche der Frau«. Das Labyrinth von Kreta führt zu Minotauros, einem Wesen, halb Stier, halb Mensch, das aus der Verschmelzung tierischer und menschlicher Lust entstanden war. Bacon stellt die Entwicklung des Dionysos als eine unaufhaltsame Steigerung des Bösen dar, denn sein Verlangen greift unersättlich und erbarmungslos nach allem, was ihm im Weg steht. Diese Leidenschaft mißachtet das Ehrgefühl und erstirbt nie, denn kaum scheint sie erloschen, flammt sie plötzlich doch wieder auf. Am Ende führt wahnsinnige Leidenschaft zu abergläubischer Ablehnung von wahrer Religion und Wissenschaft.

In dieser Anklage scheint Bacons Darstellung der Gegnerschaft von (ungebremster, ungeläuterter) Leidenschaft und Wissenschaft ihren Höhepunkt zu finden, und doch klingt

---

[2] Semele wollte Zeus »in seiner wahren Gestalt« sehen. Er erschien, von Donner und Blitzen umgeben, worauf Semele unter deren Strahlen verbrannte. Daraufhin nähte Zeus das noch ungeborene Kind in seinen Oberschenkel ein, trug es aus, gebar einen Sohn und gab ihn den Nymphen von Nysa zur Aufzucht. (A. d. Ü.)

auch hier noch ein versöhnlicher Unterton an. »Lauernde Leidenschaft oder verborgene Lust« könne zu herausragenden Heldentaten führen, die praktisch nicht unterschieden werden könnten von denen, die »aus Tugend und Großmut« entstehen. In diesen Fällen setzten die Quellen der Lust also auch Kräfte frei, die Bacon nicht vernachlässigen oder herunterspielen kann. Daher tadelt er auch nicht einfach die Lust auf eine puritanische Weise, weil er sich eben durchaus der radikalen Probleme bewußt ist, die die Anhänger des Prometheus betreffen. Der Adler der Angst nagt an ihrer Leber und läßt sie verstört und in Angst zurück. Doch welchen Vorteil haben prometheische Wissenschaftler dann, wenn sie ständig von Sorgen geplagt sind? Bacons Antwort ist zurückhaltend; er bezieht sich auf das Kommen von Herakles, Sinnbild für »Stärke und Beständigkeit des Geistes«, um Prometheus zu retten. Diese Stärke, »die auf alle Ereignisse und jeden Schicksals-Ausgang *(fortune)* ohne Furcht gleich gut vorbereitet ist, [Glück] ohne Übermut genießt und [Unglück] geduldig erträgt«, ist eine Bedingung für wissenschaftliches Handeln. Indem Bacon das Vergnügen, ja den Spaß rehabilitiert, betont er, daß der Erwerb wissenschaftlicher Kenntnisse uns glücklich und furchtlos machen sollte, nicht abgehärmt und ängstlich. Ohne eine gesteigerte Fähigkeit zur Lust könnte die Empfindsamkeit des Wissenschaftlers zu eingeengt sein, um zu wahrer Offenheit des Geistes zu gelangen. Sein Beispiel ist Salomo, der weiseste aller Könige, den Bacon seinem König Jakob als Vorbild darstellt. Um seinen mißtrauischen Monarchen zur Unterstützung der Wissenschaften zu bewegen, unterstützt Bacon eine solche Offenheit des Geistes. Er betont Salomos kühnen Wunsch, seine weit vorausschauenden wissenschaftlichen Aktivitäten fortzuführen. Salomo genoß auch physisch seine zahlreichen Liebschaften, die ihn (im Gegensatz zur Darstellung in der Bibel) niemals dazu verleiteten, falschen Göttern zu huldigen.

Die Wissenschaftler müssen aber für die Höhepunkte der Freuden offen bleiben, nicht nur um sicherzustellen, daß ihre Empfindsamkeit unbeeinträchtigt bleibt, sondern auch aus einem streng wissenschaftlichen Grund: Sie dürfen nicht aus Verwöhntheit oder Angst, sich zu beschmutzen, darauf verzichten, das Phänomen der Lust zu erforschen. Im Verlockenden oder im Abstoßenden können ebenso wie in dem, was scheinbar weder dem einen noch dem anderen zuzuordnen ist, entscheidende Entdeckungen verborgen liegen.

Bacons Version von *The Sirens; or Pleasure* (»Die Sirenen; oder die Lust«) betont jedoch auch die möglichen Gefahren eines solchen Vorhabens. Der Gesang der Sirenen ist so mächtig, daß, ebensowenig wie die weißen Knochen ihrer Opfer, die von ferne leuchten, sogar »Beispiele des Elends anderer Menschen, und seien sie klar und deutlich, nur geringe Wirkung haben, Menschen von den Verderbnissen der Lust abzuschrecken«. Gewöhnliche Menschen wie die Besatzung von Odysseus' Schiff sollten sich besser die Ohren verstopfen, wenn sie solche Versuchungen nicht meistern können.

Selbst erhabenere Geister müssen sich vorsichtig in die Mitte der Lust vorwagen. Sie sollten sich ihr als Beobachter nähern, wie der an den Mast seines Schiffes gebundene Odysseus. Doch wo Odysseus es mit einer philosophischen Strategie versuchte, bediente sich Orpheus der Religion. Dieses Mittel erweist sich als das Beste, denn Orpheus »übertönte die Stimmen der Sirenen durch Singen und Rezitieren von Lobpreis der Götter: denn Meditationen über göttliche Dinge verstärken nicht nur die Freuden der Sinne, sondern versüßen sie auch«. Bacons Warnung vor dem Vermischen religiöser und wissenschaftlicher Angelegenheiten schließt nicht aus, daß Wissenschaftler Orpheus imitieren könnten, indem sie ihren Diskurs auf die Exaltation göttlicher Mysterien verlagern.

Tatsächlich besteht der höchste Zugang zur Wissenschaft nicht in der ängstlichen Konfrontation mit der Sphinx der Fragen der praktischen Anwendung; es ist die entzückende Süße des Wissens um die Geheimnisse hinter der Natur. Orpheus kam wieder zu den Musen, nicht indem er Lust vermied oder sie kontrolliert ausprobierte, sondern indem er seinen süßen Gesang an die Götter richtete. Ähnlich empfinden auch Wissenschaftler unverdorbene Freude höchster Qualität, wenn sie das Reich der Musen betreten. Orpheus gewann wieder Lust auf eine musische Wissenschaft, die bezaubern und den Geist der Menschen erhöhen kann, indem sie nicht deren Leidenschaften verleugnet, sondern sie in eine höhere Lage transponiert. Bacon scheint hier so etwas Ähnliches vorzuschweben wie das Entzücken, das Einstein empfand, als er mit »den Gedanken Gottes« kämpfte: ein intensives, fast physisches inneres Beben, faszinierender als die Freuden des gewöhnlichen Lebens.

Und doch konnte auch Orpheus schließlich dem Schicksal nicht entkommen. Nach dem Tod seiner geliebten Frau Eurydike war es ihm schon fast gelungen, sie wieder zurück in das Reich der Lebenden zu bringen, als ihn die Ungeduld überkam und er sich umdrehte, um sie anzusehen. Damit verletzte er die Regeln der Götter und verurteilte sie zur Rückkehr in die Unterwelt. Bacon interpretiert dies als »neugierige und unreife Einmischung«, wie wenn ein ungeduldiger Wissenschaftler ein entscheidendes Experiment in dem Moment stört, als es gerade erfolgreich wird. Auch hier ist ein schicksalshaftes Experiment im Gange, denn einen toten Körper ins Leben zurückzuholen ist der Höhepunkt »der Wiederherstellung und Erneuerung verderblicher Dinge«. Nach Eurydikes zweitem Tod wandelt sich Orpheus in Bacons Version zu einer gütigen, politisch engagierten Figur, die »die Menschen lehrte, sich zusammenzufinden und sich zu einigen und das Joch der Gesetze auf sich zu nehmen und sich der Obrigkeit unterzuordnen und ihre ungelenkten Gelüste zu vergessen, indem sie auf Vorschriften und Disziplin hören und sich ihnen anpassen«. Er war ein Lehrer rationaler politischer Wissenschaft, deren Eros den Firnis »der Liebe der Tugend und Gleichheit und Frieden« trägt. Dieser rationale Orpheus wandte sich einer subtileren Abwehr der Sterblichkeit zu, nämlich durch eine Transformation politischen Lebens.

Im griechischen Mythos wandte sich Orpheus von den Frauen und vom Familienleben ab und führte eine neue Art Eros ein: die Knabenliebe. Bacons Orpheus dagegen verzaubert die Welt und führt sie zu einer neuen Höhe des Friedens. Wilde Tiere »legen ihre unterschiedlichen Naturen ab«, vergessen ihren Streit und ihre Wildheit, sind »nicht länger getrieben durch die Stiche und Furien der Lust, kümmern sich nicht weiter darum, ihren Hunger zu stillen oder ihre Beute zu jagen«. Orpheus ist in der Lage, diese Gefühle von Liebe und tugendhaften Handlungen anzustoßen, ohne diskordante Wünsche zu erregen, und zwar aufgrund seiner melancholischen Stimmung, die, wie Bacon bemerkt, die Philosophie kennzeichnet, nachdem sie bei ihren ersten Versuchen, den Tod zu besiegen, gescheitert ist. Sobald wilde Tiere und Menschen ihr wildes Verlangen nach Konflikt aufgeben, bannt eine geläuterte Gefühlswelt, die dominiert wird von den Bedürfnissen der Wissenschaft, Krieg und Streit. Dennoch veranlaßt Dionysos die Frauen von Thrakien, diesem gefährlichen Angriff auf ihn, das Symbol der Lust, entgegenzutreten. Orpheus kann dem »heiser-rauhen und gräßlichen Tuten«, das die Frauen auf ihren Hörnen blasen, nicht widerstehen. Die friedliche Gemeinschaft, deren sich Orpheus mit seinen Tieren erfreute, ist zerbrochen; die Frauen reißen den Sänger in Stücke und verstreuen seine Glieder.[3] Ihre zurückgewiesenen Wünsche überwältigen Bacons Traum von einem neuen Eros. Auch wenn Orpheus noch einmal scheiterte, sind wir aufgerufen, seine Leier aufzunehmen. Ebenso wie mit Prometheus verschiebt sich Bacons Vision von Individuen zu ganzen Nationen von Suchenden und Forschern, die die Fackel weitertragen.

Bacon verkörpert seine Hoffnung im heiligen Fluß der Musen, Helikon, der »aus Trauer und Entrüstung seine Wasser unter der Erde vergrub, um anderswo erneut zu erscheinen«. In Bacons Vision eines zyklischen Verlaufs der Geschichte erblühen Königreiche und versinken dann wieder in Krieg und Barbarei, Schriften und philosophische Gedanken hinterlassend, »derart in Stücke zerrissen, daß keine Spuren mehr von ihnen zu finden sind, außer wenige Bruchstücke, die hier und da verstreut sind wie Planken eines Schiffswracks«. Doch diese Auflösungsphase wird in dem Zyklus gefolgt von Wassern, die in anderen Nationen wieder erneut zutage treten. Bacon blickt auf eine neue Hoffnung, ein wissenschaftliches Utopia, das Wünsche und Wissenschaften harmonisieren wird. Und dort werden die steigenden Fluten Orpheus' Hoffnung zur Erfüllung tragen.

---

[3] Hintergrund: Nach dem endgültigen Verlust Eurydikes wandte sich Orpheus von den Frauen ab und machte nur noch Musik für die Tiere des Waldes; hierdurch zog er sich den Zorn der von Dionysos aufgestachelten Frauen von Thrakien zu und wurde von ihnen in Stücke gerissen. (A.d.Ü.)

Kapitel 5

Neuer Eros, neues Atlantis

∞

Denn es gibt unter Sterblichen nichts Erhabeneres und Bewundernswerteres als den reinen, unschuldigen Geist dieser Leute.

– Bacon, *New Atlantis*

Neben seiner Neuinterpretation antiker Mythen erschuf Bacon mit *New Atlantis* auch einen modernen Mythos. Hier beschreibt er die tiefgreifenden Veränderungen der menschlichen Wünsche und Leidenschaften, die er mit dem Aufstieg der Wissenschaften kommen sieht. Schauplatz von Bacons Vision einer fortgeschrittenen wissenschaftlichen Zivilisation ist Atlantis, die sagenhafte, bereits von Platon erwähnte mythische Insel, die in der antiken Sage reich an technischen Wundern war, aber schließlich hochmütig und aggressiv wurde und dadurch unterging. Bacons Neues Atlantis mußte diese tödlichen Fehler vermeiden.

Bacon verbirgt zunächst, daß seine Insel ein historisches Vorbild in der europäischen Tradition hat, indem er ihr einen hebräischen Namen (anstatt eines griechischen) gibt, der biblische Assoziationen heruf beschwört: Bensalem, der »Sohn« oder »Ort des Friedens«. Der Erzähler und seine Gefährten werden nach einem Schiffbruch von den Bewohnern dieses Inselreichs gerettet. Die Reisenden sind fasziniert von der

Barmherzigkeit und Großzügigkeit ihrer Retter und möchten sogar dort bleiben, anstatt nach Hause zurückzukehren. Das Land erscheint ihnen wie ein Paradies, Europa technisch wie gesellschaftlich weit voraus. Obwohl ein Großteil von *New Atlantis* sich mit den wissenschaftlichen Wundern Bensalems befaßt, geht es in bemerkenswert ausführlichen Passagen auch um das erotische Leben dieser wissenschaftlichen Inselbewohner.

Eine jede Stadt dort hat »Adam-und-Eva-Bäder«, in denen vor einer Eheschließung ein Freund der Braut den zukünftigen Ehemann und ein Freund des Bräutigams die zukünftige Ehefrau nackt in Augenschein nehmen können. Dieser Brauch wird mit »den zahlreichen verborgenen Mängeln des männlichen und weiblichen Körpers« rechtfertigt. Als Erklärer tritt Joabin auf, ein Jude, »weise und gelehrt und von großer Höflichkeit, und exzellent beschlagen in den Gesetzen und Bräuchen der Nation«. Er erklärt, daß die Freunde der zukünftigen Eheleute verborgene Gebrechen der beiden erkennen könnten; es wird nicht klar, ob sich diese »Defekte« auf etwas beziehen, das die Freunde als erotisch abstoßend empfinden, oder vielleicht auf Anzeichen von Unfruchtbarkeit.

Zahlreiche Utopias der Literaturgeschichte regulierten den Nachwuchs ihrer Bewohner nach dem Modell der Viehzucht. Von einem traditionellen Standpunkt ist eine solche Praxis der »Menschenzucht« natürlich abscheulich und empörend. Im Gegensatz zu diesen anderen Utopiemodellen haben die Bensalemiter dagegen die Institution der *grave men* und *women*, würdevolle ältere Männer und Frauen, die den Bräutigam und seine zukünftige Frau nackt einander vorstellen und damit den Moment mit einer Feierlichkeit versehen, die Peinlichkeiten oder »unschickliche« Lustausbrüche vermeidet. Diese Praxis ist mit einer vorgeschriebenen Wartezeit von einem Monat zwischen der ersten Begegnung und der Hochzeit verbunden sowie mit Sanktionen gegen das Heiraten ohne Zustimmung der Eltern.

Wenn Bacon jedem Studierenden der Natur empfiehlt, »mißtrauisch allem gegenüber zu sein, was seinen Geist mit besonderer Befriedigung ergreift«, meint er damit, man solle versuchen, übermäßige Begeisterung für eine Lieblingsidee im Zaum zu halten; ständiger Selbstzweifel ist eine entscheidende Voraussetzung für die Aufrichtigkeit eines Wissenschaftlers. Im Gegensatz dazu »werden die Alchimisten alt und sterben in den Fängen ihrer Illusionen«, als wären ihre großen Konzeptionen nichts als trügerische Luftschlösser. Doch Eros schwindet nicht unbedingt, wenn er unterdrückt wird, sondern kann durchaus sogar noch stärker werden. In den »Adam-und-Eva-Bädern« gewährleisten die Blicke der Freunde nicht durch puritanische Repression, sondern durch gewissenhafte Entblößung die erotischen Qualitäten des auserwählten Partners. Dies ist aber nur möglich, wenn diese Freunde und in der Tat die gesamte Gesellschaft unbestechlich sind. Diese immense Schwierigkeit, um nicht zu sagen Unmöglichkeit, ist jedoch ein zentrales Problem dieser Utopie. Tatächlich verbergen sich die Bensalemiten vor dem Rest der Welt, die sie zwar ausspähen, für die sie jedoch selbst unsichtbar bleiben. So groß die Tugend der Bensalemiten auch sein mag, so unterschätzen sie doch nicht, was passieren könnte, wenn sie sich gegenüber der Außenwelt öffneten.

Für die Bewohner von Bensalem zählen auch Fragen der Erotik zu den Angelegenheiten einer universellen Wissenschaft. So wird die aufschlußreiche Unterhaltung der Gäste mit Joabin durch einen der seltenen Besuche eines »Paters des Hauses Salomo« unterbrochen, eines Mitglieds der angesehensten Wissenschaftsvereinigung Bensalems. Bacons Entscheidung, den Pater gerade zu diesem Zeitpunkt des Gesprächs auftreten zu lassen, läßt vermuten, daß diese Unterhaltung über erotische Angelegenheiten bewußt ergänzt werden soll durch einen Vertreter der Wissenschaft, der den Zusammenhang dieser außergewöhnlichen Bräuche erläutern soll. Jener Pater erklärt nun, daß die Inselbewohner Kreuzungen aus verschiedenen Tierarten herzustellen wissen. Diese neuen Hybridformen werden nicht willkürlich hergestellt; Paarungen dieser Kreaturen werden streng kontrolliert. Der Pater erklärt, daß er zwar nur über die Produktion hybrider Tiere spricht, die Anwendung dieser Techniken auch auf Menschen im Prinzip aber durchaus möglich wäre. Durch Bacons gesamtes Projekt zieht sich die Sorge des Autors vor der Erschaffung neuer Arten. Er sieht »Täuschungen der Sinne. Größere Sinnenfreuden. ... Die Veränderung von Aussehen und Charakter, Dickheit und Schlankheit« voraus. Seine Wissenschaftler interessieren sich nicht nur für eine Optimierung der Tierzucht, sondern auch für Veränderungen der Zuchttiere selbst, bis hin zu ihrem sinnlichen Bewußtsein. Sie könnten den Körper verändern und die Lust an der Erotik; sie könnten »Instrumente der Lust« ebenso produzieren wie »Instrumente des Todes«, die beide die Welt erschüttern könnten.

Eros ist einer der verborgensten und geheimnisvollsten Bereiche der menschlichen Natur; indem man die Quellen der Lust manipuliert, können die Menschen glücklicher gemacht, aber auch ihren traditionellen Gebräuchen entfremdet werden. Trotz solcher Möglichkeiten ist die soziale Ordnung in Bensalem extrem konservativ. Die Gesellschaft dort hat sich für eine engelsgleiche Keuschheit entschieden, die die losen europäischen Sitten ablehnt. Die Gründe für diese Entscheidung sind nicht ganz klar. Man könnte anehmen, die Bensalemiter folgten den Vorschriften einer ihnen verkündeten Religion, auch ohne daß sich diese aus naturwissenschaftlichen Erfordernissen ableiten ließen. Die Wissenschaft Bensalems war schon hoch entwickelt, bevor der Insel die christliche Lehre verkündet wurde; so konnte ihre Wissenschaft göttliche Wunder bestätigen und überprüfen, ohne in irgendeinen Konflikt mit der Religion zu geraten. Tatsächlich ist ihre Wissenschaft so mächtig, daß sie diese Wunder gleich massenhaft selbst hätte produzieren können. Die Szenerie vorgeblicher Offenbarungen hätte daher genausogut eine fromme Lüge sein können, hinter der gutwillige, aber unredliche Wissenschaftler standen, wenn nur diesen solche Betrügereien nicht ausdrücklich verboten gewesen wären. Die Hingabe zur Wissenschaft ist sozusagen mit religiöser Ehrfurcht getönt. Der Pater vom Hause Salomo hat daher auch die Erscheinung eines großen Prälaten bis hin dazu, daß er die Massen segnet, die danach verlangen; der Priester erscheint als bescheidener Diener der wissenschaftlichen Hierarchie. Der König hat »Salomos Haus« stillschweigend die Kontrolle über die vitalen Geheimnisse überlassen, die ihre Wissenschaft beinhaltet. All dies impliziert eine enge Beziehung zwischen Wissenschaft und christlichem Humanismus; Bacon erwartete offenbar, daß sowohl die klassische antike als auch die christliche Lehrtradition weiter blühen würden, und er sah sie an als Grundfesten der menschlichen Empfindsamkeit. Er wäre sicher erstaunt gewesen, wie beide heute dahinsiechen.

In dem neuen Eros drücken sich die Bedürfnisse der Wissenschaft aus. Obwohl der Wissenschaftler mit keiner seiner Theorien ein in gleicher Weise erotisches Verhältnis wie zu einer Geliebten aufbauen kann, muß er doch zu seinem Fach eine ähnlich glühende Liebe bewahren, um die zahllosen Prüfungen und Enttäuschungen durchzuhalten. Im Neuen Atlantis wird geistige Keuschheit begleitet von sexueller Mäßigung.

Weil der Wissenschaftler als Mitglied einer großen Maschinerie arbeitet, muß wissenschaftlicher Eros an Institutionen gebunden sein, an die gesamte Gemeinschaft der prometheischen Rennläufer. Es überrascht kaum, daß eine so anspruchsvolle Selbstverpflichtung bei den meisten Menschen nicht viel Eros übrigläßt für das private Beziehungsleben. Hier fühlt man sich an Bacons Orpheus erinnert, der sich von der verderbenden Liebe zu den Frauen ab- und seinem neuen Eros, frommer, ekstatischer Wissenschaft, zuwendet.

In *Gullivers Reisen* macht sich der Autor Jonathan Swift lustig über die Wissenschaftler der fliegenden Insel Laputa, die derart in ihren abstrusen Forschungen versunken sind, daß sie eigens Diener beschäftigen, die sie an so alltägliche Dinge wie das Essen erinnern müssen. Die mißachteten Ehefrauen dieser laputanischen Plänemacher suchen sexuellen Trost, den ihnen ihre allzu abgelenkten Ehemänner nicht geben können, bei Galanen. Vielleicht nicht von ungefähr bedeutet daher der Name ihrer grotesken fliegenden Insel in umgangssprachlichem Spanisch »Hure« *(la puta)*. Der hochfliegenden wissenschaftlichen Ekstase stehen nur allzu oft die vernachlässigten Bedürfnisse des gewöhnlichen Eros entgegen. Obwohl Swift sich über die Geistesabwesenheit der laputischen Wissenschaftler lustig macht, bestätigt er doch zugleich die Faszination, die solche Projekte haben können, und die überraschende Art und Weise, wie sie den gewöhnlichen Reizen der Liebe gleichkommen kann. In Bensalem triumphiert jedoch die Wissenschaft letztendlich über alles, und der Erzähler, der schiffbrüchige Engländer, muß eingestehen, daß es nicht nur in materieller Hinsicht, sondern in überhaupt jeder Beziehung Bensalem besser zu gehen scheint als Europa. Es gibt offensichtlich keinerlei Beschwerden, nicht einmal ansatzweise; auch die Frauen werden dargestellt als Teil eines einmütigen

Bürgerchores. Dennoch liefern uns einige Aspekte des Familienlebens Hinweise, inwiefern familiärer und persönlicher Eros durch die vorherrschende Leidenschaft der Bensalemiter für wissenschaftliche Erleuchtung und deren Früchte vielleicht doch beeinträchtigt werden.

Der Erzähler ist stark beeindruckt von dem sogenannten »Fest der Familie«. Bei diesem Brauch wird der Vater einer Familie mit mindestens 30 Kindern, die mindestens drei Jahre alt geworden sind, auf ausgesuchte Weise von seiner Familie und sogar vom König geehrt, die alle den beachtlichen Beitrag eines solchen Vaters zu der Bevölkerung des Königreiches würdigen. Der Vater sitzt wie ein Monarch auf einer erhöhten Estrade und ißt alleine, lediglich begleitet von einem Sohn, »falls er zufällig dem Orden von Salomos Haus angehört«. Der Brauch greift die zeremoniellen Segnungsriten aus der Bibel auf, gewährt aber eine solche Pracht weder aufgrund von Verdienst noch von Rang oder Leistung, sondern allein zur Anerkennung der Fruchtbarkeit. Die Mutter dieser Familie sitzt dagegen während der Zeremonie außer Sichtweite »in einer Empore rechts oberhalb des Ehrenthrons, mit einer eigenen Tür und einem gravierten Glasfenster, das mit Gold und Blau belegt und in Blei gefaßt ist«, doch auch nur, wenn sie die Mutter aller 30 Kinder ist. Die Lebensschenkerin wird verborgen, doch immerhin ist ihr Ehrenplatz oberhalb des männlichen Erzeugers. Bei allen patriarchalischen Vorurteilen glorifiziert Bacon dennoch ihren geheimen Aussichtspunkt.

Die verschiedenen Arten des Eros haben alle ihre eigene Sorte von Kindern. Alchimisten sterben in fruchtlosen Umarmungen, doch der wahre Wissenschaftler ist reich an lebendigem Nachwuchs. Im Fest der Familie ist der Vater nicht nur der Wissenschaftler, denn diese Zeremonie wird für alle kinderreichen Familien durchgeführt, wobei nur denjenigen von

Rang etwas zusätzliche Ehre zuteil wird, insbesondere denen vom Hause Salomos. Die weitere Bedeutung des Fests besteht in der Erfordernis, derart große Familien zu fördern. Es besteht die klare Gefahr, daß die Bevölkerungszahl schwindet und Atlantis nicht mehr genug Bewohner hat, was die wirtschaftliche Unabhängigkeit der Gesellschaft in Frage stellen könnte. Das scheint den Erzähler zu beschäftigen, wenn er fragt,«ob sie die Ehe beachten; und ob sie sich an eine einzige Frau binden? Denn in Gesellschaften, wo eine so [hohe] Bevölkerungszahl erwünscht ist, wie es hier der Fall zu sein scheint, gibt es gewöhnlich die Erlaubnis, mehrere Ehefrauen zu haben.« Damit *erwartet* der Erzähler also geradezu, daß Polygamie erlaubt ist, denn er bemerkte, daß die Insel so schwach bevölkert war.

Die Gründe für diese niedrige Einwohnerzahl werden nicht weiter ausgeführt und erscheinen unklar. Die bewohnbare Fläche ist nicht übermäßig groß, denn die ganze Insel ist gerade einmal so groß wie England und Frankreich zusammengenommen. Der Boden ist fruchtbar und die Nahrung reichhaltig. Das Klima ist mild; es wachsen dort scharlachrote Orangen. Die mysteriösen Pillen, die die Seeleute heilen, deuten auf eine im Vergleich zu Europa weiter entwickelte Medizin hin. Auch erwartet man nicht, daß eine Gesellschaft, die »Paradieswasser« für Gesundheit und langes Leben herstellen kann, stark von Kindersterblichkeit beeinträchtigt wird. Vielmehr haben die Bensalemiter die Kontrolle über die Fruchtbarkeit und über die sinnliche Lust erlangt. Seit 1900 Jahren hatte es keinen Krieg oder Bürgerkrieg mehr gegeben, so daß in dieser langen Zeit die Insel eigentlich stark hätte bevölkert werden können. In dieser ganzen Zeit kehrten auch nur dreizehn Fremde von der Insel nach Hause zurück, so daß Bensalem zudem kaum durch feindliche Einfälle gestört worden sein dürfte.

Die einzige verbleibende Erklärung für die Unterbevölkerung bestünde demnach in einer Veränderung des Eros in einer so tiefen Art und Weise, daß sie nicht mehr durch Wissenschaft geheilt werden kann, weder durch Erhöhung der Fruchtbarkeit noch durch Steigerung der sexuellen Lust. Offensichtlich sind die Familien kleiner, obwohl die wissenschaftlichen Erfolge beispielhaft sind. Meine Schlußfolgerung daraus ist, daß so viel Eros in die wissenschaftlichen Projekte der Atlantiker fließt, daß das sexuelle Begehren abnimmt und damit die Familiengröße schrumpft. Joabin kritisiert die Europäer wegen ihrer moralischen Freizügigkeit, daß sie gar nicht oder erst spät heiraten, »wenn die Stärke ihrer Jahre bereits hinter ihnen liegt«. Damit impliziert er, daß *das* nicht das Problem der Bensalemiter ist, wo der Geist der Bewohnerschaft unverdorben geblieben ist. Aus verschiedenen Gründen stehen jedoch Bensalemiter wie Europäer vor dem gleichen Problem: einer Verringerung der Geburtenrate. In Europa wird dies dadurch verursacht, daß zu viel Eros in Ausschweifungen verschwendet wird, während in Bensalem der Eros durch den keuschen Begeisterungstaumel für die Wissenschaft absorbiert wird. Zumindest die Einrichtung von »Adam-und-Eva-Bädern« wäre in Europa unvorstellbar, das Joabin als Schmelzofen ungesetzlicher Lust darstellt, der »wenn man ihm auch nur ein wenig Luft zukommen läßt, tollkühn durchbrennen wird«.

Diese Einstellung seiner Bewohner steht zugleich in enger Beziehung mit der Friedfertigkeit Bensalems, des »Sohns des Friedens«. Die Inselbewohner verabscheuen den Krieg und haben Wege gefunden, miteinander in Eintracht zu leben. Es scheint nun, als habe sich diese friedliebende Grundeinstellung parallel zur Zähmung ihres Eros entwickelt. Und nun erlauben es die Patres des Hauses Salomo, diese großen, lange verborgenen Geheimnisse in die Außenwelt zu tragen. Die Atlantiker scheinen zuversichtlich, daß Europa die wissenschaftlichen Geheimnisse Bensalems jetzt mit offenen Armen empfangen, wodurch die Inselbewohner die Welt auf friedliche Art erobern könnten. Natürlich gehen sie ein großes Risiko ein, denn trotz ihres technischen Vorsprungs können sie nicht sicher sein, daß sie sämtlichen Angriffen aus einem gierigen und korrupten Europa trotzen könnten. An diesem Punkt bricht Bacons Vision ab, und es ist nicht klar, ob der Autor das Werk als beendet oder als überhaupt abschließbar betrachtet. Die Frage bleibt, ob die menschliche Natur bezähmbar sein wird, ob die machtvollen Geheimnisse von Atlantis sich eher als eine Verheißung oder eine Geißel erweisen werden.

Bacon bemerkt, daß »die besiegte Sphinx auf dem Rücken eines Esels fortgetragen wurde: denn es gibt nichts so Subtiles und Abstruses, das nicht, wenn es erst einmal durch und durch verstanden und der Welt verkündet ist, sogar ein Dummkopf wegtragen könnte«. Einmal enthüllt, werden wissenschaftliche Geheimnisse trivial, ihre Macht erschließt sich korrupten Regenten. Bacon wußte sicherlich aufgrund seiner eigenen Niederlagen gegen König Jakob, wie schwierig es zu sein pflegt, wissenschaftliche Kräfte vor politischem Mißbrauch zu bewahren. Schließlich hatte der König doch über sein wissenschaftliches Projekt mit den Worten gespottet, »es übersteige jegliches Verständnis«.

Bacons politische Vision richtet sich auf neue Möglichkeiten des Verlangens. Schon nach einigen Tagen in Bensalem sind seine Seeleute von dieser neuen Welt so begeistert, »daß es ausreichte, uns alles vergessen zu machen, was uns in unserer Heimat zuvor lieb und teuer gewesen«. Ihr Überschwang zeigt, wie tief der neue Eros sie bewegt, und wie stark Bacon hoffte, auch der Leser möge ähnlich ergriffen sein. Für Freud stand fest, Menschen müßten, um in einer Gesellschaft funktionieren zu können, ihre Wünsche sublimieren und an unvermeidlichem Unbehagen leiden. Im Gegensatz dazu sieht Bacon mehr Möglichkeiten für das erotische (Er)Leben als unbefriedigende Repression. Er glaubt, der neue Eros würde faszinierend für die Menschen sein, die ihn kennengelernt haben; er glaubt sogar, daß dies dann wiederum die gesamte Gesellschaft beeinflußt.

Damit uns unsere Wünsche in diese neue Richtung ziehen, meint Bacon, der Eros müsse geläutert, verklärt und zu einer Art Heiligtum erhöht werden. Doch selbst dann wird seine Vision überschattet von gewichtigen Fragen: Kann der Eros überhaupt auf diese Art umgeformt werden, ohne daß es zu düsteren Konsequenzen führt? Das Verlangen muß doch demnach zugleich gedämpft und gesteigert werden, ohne daß es zu paradoxen Situationen kommt, denn in dieser doppelten Forderung spiegeln sich die komplexen Auswirkungen der neuen Wissenschaft auf das menschliche Gefühlsleben wider. Bacon verläßt sich auf etwas, das zutiefst verehrt wird und »natürlich« ist, um die desorientierenden, die Natur verändernden Kräfte in den Griff zu bekommen. Er sieht sogar eine Allianz seiner »Neuen Wissenschaft« mit dem christlichen Humanismus voraus, der mit dieser die Grundlehrsätze des erlösenden Leidens und einer neuen Art von Liebe teilt. Diese Allianz würde geschwächt, wenn das Christentum oder klassische Formen des Lernens einen Niedergang erführen. Doch auch Bacon kann den Gefahren eines Ikarus nicht entgehen. Die drängenden Bedürfnisse einer leidenden Menschheit rufen für ihn nach diesen riskanten Maßnahmen, doch sie sind mehr als nur verzweifelte Glücksspiele. Am Ende ist Ikarus »eins mit dem Himmel«; die Menschen, die seinen auf- und absteigenden Flug beobachten, empfinden ein seltsames Hochgefühl. Wie Bacon schreibt, »gibt es keine außergewöhnliche Schönheit ohne eine gewisse Seltsamkeit in der Proportion«. Durch eine solche Schönheit bewegt und versehen mit Hoffnung und Barmherzigkeit, kann sich nun die Menschheit jener denkwürdigen neuen Wissenschaft widmen, die »jedes Verständnis übersteigt«.

Teil III

Die grosse Entschlüsselung

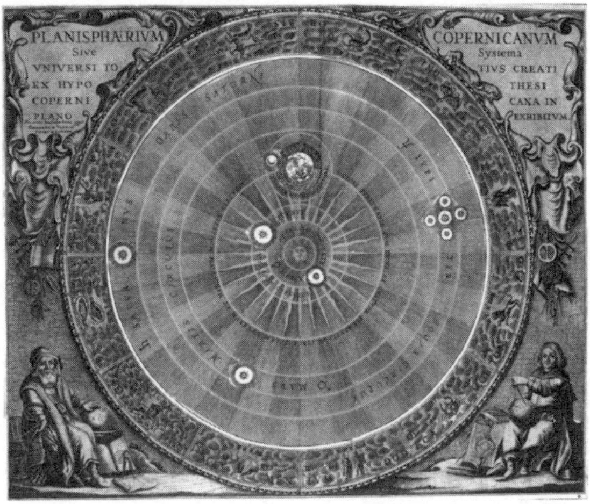

Heliozentrisches Weltbild nach Nikolaus Kopernikus; Kupferstich aus dem Himmelsatlas von Gerard de Valck & Peter Schenck, ca. 1680.
© Interfoto-Archiv, München

Kapitel 6

Der Schlüssel zum Labyrinth

∞

Doch das Universum ist für das Auge des menschlichen Verständnisses unergründlich wie ein Labyrinth und präsentiert an jeder Ecke so viele verschiedene Wege, so trügerische Ähnlichkeiten von Objekten und Zeichen, Naturen, die so irregulär in ihrer Form, so ineinander verwunden sind. … Unsere Schritte brauchen einen Leitfaden.

– Bacon, Vorwort zur *Instauratio magna*

Auch nachdem die Wissenschaftler geprüft und vorbereitet sind, nach ihrem Ringen mit der Natur im Experiment, bleibt die Nachricht, die sie empfangen, immer noch rätselhaft. Selbst wenn der Text offenliegt, bleibt die Botschaft der Natur immer noch mysteriös. Bereits vor Bacon hatten andere die Geheimnisse der Natur als verborgen in einem Code aufgefaßt. Bacons Beitrag war auszuführen, daß dieser Code entschlüsselbar sei, was seine Zeitgenossen bezweifelten. Er entwickelte sogar eine Methode zur Lösung dieses Codes ähnlich der, wie sie zu seiner Zeit für die Entschlüsselung codierter Nachrichten für diplomatische Zwecke üblich war. Obwohl er noch nichts von der Macht der symbolischen Mathematik ahnte, bereitete er doch durch die Verbindung mit dem Entschlüsseln die spätere Union von Mathematik und experimenteller Wissenschaft vor.

Bis ins Mittelalter verwendeten die Denker den Begriff vom »Buch der Natur«, womit sie sagen wollten, die Natur berge ebenso wie die Heilige Schrift göttliche Botschaften. Dennoch war es schwierig, die Sprache des Buchs der Natur zu verstehen. In früheren Schriften hieß es, das Buch sei in einer irgendwie natürlichen, menschlichen Sprache geschrieben, gleichwohl mysteriös ausgedrückt, weil die Elemente der Schöpfung nicht unmittelbar als Wörter oder Buchstaben »lesbar« sind. Die Bibel war die erste Quelle, in der man nach Beispielen für diese vermutete archetypische Sprache suchte. Sie war das Buch der Bücher, und an ihr mußten sich alle Interpretationen von Texten messen lassen; ihre Rätsel waren sehr sorgsam ersonnen, darunter die berühmte »Schrift an der Wand« im Buch Daniel, und es deutete sich an, daß womöglich Teile in einer Geheimschrift abgefaßt seien. Tatsächlich zeigen schon die hebräischen Urtexte des Alten Testaments mehrere Möglichkeiten auf, Wörter durch Ersetzungen zu verbergen – eine der ältesten bekannten Verschlüsselungen.

Codes und Geheimzeichen sind bestimmte Symbole, die den zu verschlüsselnden Text ersetzen. Bei Geheimschriften wird jeder einzelne Buchstabe eines Wortes durch ein anderes Symbol ersetzt; etwa das Wort *Science* (Wissenschaft) durch »Uelgpeg«. Codes verwenden größere Sinneinheiten; zum Beispiel könnte man das Wort »Wissenschaft« durch das Wort »Sphinx« ersetzen. Die raren Hinweise auf geheime Kommunikation in alten Quellen erwähnen nur Verschlüsselungen der einfachsten Art; antike Schriftsteller waren fasziniert davon, daß etwa Caesar seine Depeschen verschleierte, indem er (zum Beispiel) *a* durch E, *b* durch F ersetzte usw., eine einfache Verschlüsselung, wie sie heute noch manchmal von Kindern verwendet wird. Im Mittelalter konnten so wenige Menschen überhaupt lesen, daß Geschriebenes an sich schon sehr sicher

NATVRA.

Abb. 6.1: Cesare Ripa, Allegorie der Natur. Die prallen Brüste Naturas stehen für die *Form*, denn »diese bewahrt die Objekte der Schöpfung«; der Geier auf ihrer Hand symbolisiert die *Materie*, »die durch die Form verändert und bewegt wird, und alle vergänglichen Körper zerstört.« (*Iconologia*, 1545).

geschützt war. Das spätere Konzept der Geheimschrift entstammte der maurisch-spanischen Kultur; das arabische Wort *sifr* bedeutet »Null«. Im Frankreich und Italien des Spätmittelalters waren Symbole oder Allegorien in Mode, hieroglyphische Sinnbilder, die eine Idee ohne Worte darzustellen vermochten (Abb. 6.1). Viele Gelehrte der Renaissance versuchten sich daran, erfanden neue Hieroglyphen auf der Basis der altägyptischen und stellten weitere Überlegungen an über die Möglichkeiten, Botschaften in Symbolen zu codieren.

Eine komplexe Kryptographie, eine Wissenschaft der Geheimschriften, entwickelte sich schließlich während des Spätmittelalters und der Renaissance. Zu Bacons Zeit wurde diplomatische Korrespondenz regelmäßig verschlüsselt. Abgefangene Botschaften fremder Mächte wurden geöffnet und, zumindest in Frankreich und Italien, zu entschlüsseln versucht. Systematische Techniken zur Entschlüsselung wurden erst relativ spät entwickelt. Erste Ansätze hierzu entstanden vermutlich in Venedig zu Anfang des 16. Jahrhunderts, recht bald jedoch gab es bereits erfahrene Entschlüßler andernorts in Italien und Frankreich. Diese mit komplizierten Geheimschriften vertrauten Männer stellten auch erste Zusammenhänge zum »Buch der Natur« her. 1586 schrieb der französische Diplomat und Verschlüsselungsexperte Blaise de Vignère: »Die ganze Natur ist nur eine einzige Geheimschrift«, so als ob es sich dabei bereits um ein vertrautes Konzept handelte. Vignère nahm allerdings auch an, Sterne oder Pflanzen verschlüsselten ihre göttliche Botschaft in einer natürlichen, menschlichen Sprache, nach dem Vorbild gewisser ihm bekannter Geheimschriften, mit denen man einen Text in Melodien oder in Sternbilder umwandeln konnte (Abb. 6.2).

Vignère glaubte nicht an die Möglichkeit, das göttliche Rätsel durch menschliche Kunstfertigkeit zu entschlüsseln. Der Code sei nicht nur zu schwierig, auch die Menschen seien zu verdorben. Er glaubte, nur durch die esoterische hebräische Kabbala erlaube Gott seinen Auserwählten, an seinen Code zu gelangen, indem er ihnen das göttliche Alphabet zur Verfügung stelle. Sie müßten aber der antiken esoterischen Tradition streng folgen und sie nicht in Frage stellen oder gar neu entwickeln. Die wenigen Auserwählten könnten antike Mysterien in Erfahrung bringen, müßten das Geheimnis aber vor der profanen Welt bewahren. Vignère war der Ansicht, das Ent-

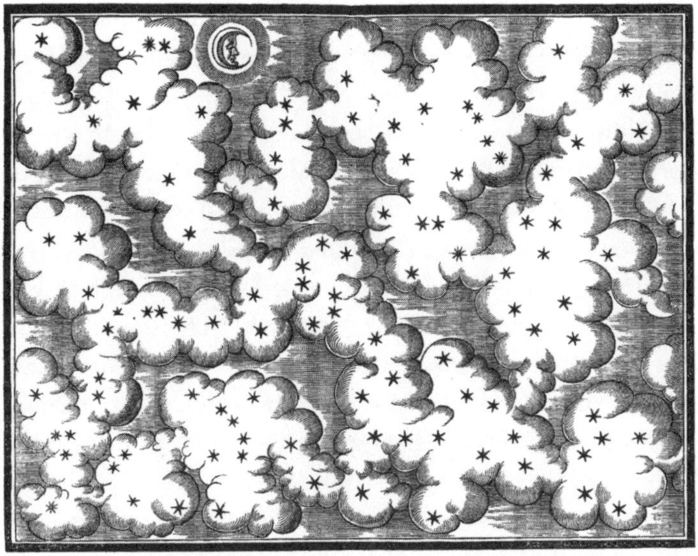

Abb. 6.2: Geheimschrift in Form eines Sternenhimmels. Hinter den Positionen der Sterne verbirgt sich die französische Fassung von Psalm 19.1: »Die Himmel erzählen die Ehre Gottes, und die Feste verkündigt seiner Hände Werk.« Zum Entschlüsseln legt man über das Bild ein Gitter mit 320 Quadraten. Die Sterne nehmen dann jeweils bestimmte Positionen in den Quadraten ein (mittig oder in einer bestimmten Ecke), die festgelegten Buchstaben zugeordnet werden können. (Blaise de Vigenère, *Tracté des Chiffres*, 1586).

schlüsseln selbst menschlicher Codes sei »ein wertloses Kopfzerbrechen und letztlich eine ziemlich ruhmlose Mühe«. Obwohl er die ersten Erfolge einiger seiner Zeitgenossen auf diesem Gebiet bereits kannte, war Vignère überzeugt, daß Entschlüsseln außer in ganz einfachen Fällen vergeblich sei. Tatsächlich gab es aber bereits damals wirkungsvolle Entschlüsselungstechniken, was jedoch Vignère in seinem Pessimismus einfach ignorierte, wie das nächste Kapitel noch zeigen wird. Francis Bacon dagegen zeigte sich dieser Neuerungen in der Kunst der Geheimschrift durchaus bewußt und hielt direkten Kontakt mit Leuten, die sich damit beschäftigten. Sein Bruder Anthony verbrachte die meiste Zeit »auf dem Kontinent« und kümmerte sich um »Korrespondenten«, die als Spione dort arbeiteten. 1586 wurden verschlüsselte Briefe der schottischen Königin Maria Stuart abgefangen und entschlüsselt, die eine Verschwörung zur Ermordung von Elisabeth aufdeckten, wodurch ein katholischer Aufstand in England ausgelöst und Maria auf den englischen Thron gebracht werden sollte. Diese Briefe wurden als Beweismittel verwendet und führten zur Hinrichtung Marias im Jahre 1587. Entschlüsselungen gaben auch wertvolle Hinweise über spanische Anschläge auf die englische Krone.

Niemand, der diese großen Ereignisse kannte, konnte die Bedeutung und Nützlichkeit der Kryptographie verkennen, und ganz bestimmt nicht der damals 26jährige Francis Bacon, der am Anfang seiner parlamentarischen Karriere stand. Bacon sprach über den »Großen Fall« *(Great Cause)* Maria von Schottland anläßlich der Verhandlung vor dem Parlament. Durch Anthony mußte er weitere Kenntnisse über die Verwendung von Geheimschriften bei weniger spektakulären Staatsangelegenheiten gehabt haben. Obwohl Bacon immer wieder von der verborgenen Natur der Dinge spricht, tut er dies mit dem Ziel, jene Geheimnisse *zu enthüllen*, mit Ausnahme von Bereichen »des Göttlichen« und dem Geheimnis des menschlichen Herzens. Als Lordkanzler mußte Bacon ständig die verklausulierten Wünsche von König Jakob entziffern, ob sie in Form kryptischer Kommentare oder der hochentwickelten Symbolik der höfischen Kleiderordnung, die der König pflegte, daherkamen.

Bacon betrachtet Geheimschriften als zentrale Elemente der »Kunst der Transmission« *(Art of Transmission)*, der allgemeinen Lehre der Nachrichtenübermittlung durch Reden und Schreiben. Seine Interessen gehen jedoch über gewöhnliches Schreiben und die geläufigen Fremdsprachen hinaus. So interessiert er sich für chinesische Schriftzeichen und für die Zeichensprache der Taubstummen. Über das Chinesische schreibt er, es bestehe »aus echten Symbolen« *(real characters)*, die die Dinge selbst repräsentieren, ähnlich wie die ägyptischen Hieroglyphen und die Taubstummengebärden. Diese frühen Formen der »Transmission« hatten bereits in der Antike wichtige Möglichkeiten eröffnet. So sandte einst ein Tyrann einen Boten zu einem benachbarten König; der Bote sollte den König grüßen und dann die größten Blumen in seinem Garten abschneiden. Der Bote fand den Auftrag absonderlich, überbrachte aber, ohne es recht zu wissen, getreu eine grausame Nachricht: Es handelte sich nämlich um nichts anderes als eine Morddrohung an den König und seinen Hof. Diese »Übergangs-Hieroglyphe« *(transitory hieroglyph)* erfüllt einige der Bedingungen, die Bacon für verschlüsselte Botschaften aufgestellt hatte: Sie sollten »einfach und ohne Mühe zu verfassen sein; sicher und von Unbefugten nicht zu entziffern; und schließlich wenn möglich keinen Verdacht erregen«.

Bacon erwähnt noch wirkungsvollere Mechanismen der Nachrichtenübertragung und -verschlüsselung. Als Beispiel führt er ein von ihm selbst in seiner Jugend erfundenes Verfahren an, übrigens die einzige Erfindung, die er je für sich in Anspruch nahm. Bacon ist stolz auf dieses Werk, »denn es hat die Perfektion einer Geheimschrift, die dazu führt, daß alles jede offensichtliche Bedeutung verliert«. Das bedeutet, mit Hilfe seiner Technik kann man *jede* Botschaft in *jedem* anderen Text verbergen, vorausgesetzt, der verbergende Text ist mindestens fünfmal so lang wie die geheime Botschaft. Bacons aus zwei Symbolen bestehende Geheimschrift erfordert zwei Schritte.

Tab. 6.1: Beispiel für ein Alphabet aus zwei Buchstaben.

A	**B**	**C**	**D**	**E**	**F**	**G**	**H**
aaaaa	aaaab	aaaba	aaabb	aabaa	aabab	aabba	aabbb
I	**K**	**L**	**M**	**N**	**O**	**P**	**Q**
abaaa	abaab	ababa	ababb	abbaa	abbab	abbba	abbbb
R	**S**	**T**	**V**	**W**	**X**	**Y**	**Z**
baaaa	baaab	baaba	baabb	babaa	babab	babba	babbb

Im ersten Schritt werden die Buchstaben des Alphabets durch Fünfergruppen aus nur zwei Zeichen dargestellt (Tab. 6.1). Statt *a* und *b* könnte man auch jedes andere Paar erkennbar voneinander unterscheidbarer Zeichen verwenden; Fünfergruppen von je zwei Zeichen erlauben $2 \times 2 \times 2 \times 2 \times 2 = 32$ unterschiedliche Möglichkeiten, genug, um 24 Buchstaben des englischen Alphabets darzustellen. Wie Bacon bemerkt, muß es sich bei den »unterscheidbaren Zeichen« nicht einmal um Buchstaben handeln. Statt *a* und *b* könnte man auch zum Beispiel zwei unterschiedlich hohe Glockentöne verwenden oder zwei verschiedene Kanonenschläge oder Fackelsignale. Damit ist es mit diesem Code möglich, Sprache von der Buchstabenschrift zu trennen und dennoch eine dem Empfänger verständliche Bedeutung zu übermitteln. Mit dieser Eigenschaft, die der Code mit Gestik und *real characters* teilt, eignet er sich auch

Tab. 6.2: Beispiel für die Verschlüsselung des Wortes FLY (*Flieh!*) in einem zweibuchstabigen Alphabet.

F	**L**	**Y**
aabab	ababa	babba

Tab. 6.3: Beispiel für zwei Alphabete mit unterschiedlichen Drucktypen.

A-Form:	a	b	c	d	e	f	g	h	i	k	l	m
B-Form:	*a*	*b*	*c*	*d*	*e*	*f*	*g*	*h*	*i*	*k*	*l*	*m*
A-Form:	n	o	p	q	r	s	t	v	w	x	y	z
B-Form:	*n*	*o*	*p*	*q*	*r*	*s*	*t*	*v*	*w*	*x*	*y*	*z*

besser für die Codierung von *Sachverhalten* als nur von *Wörtern*. Er kann bereits einen Schritt in Richtung auf den symbolischen Code der Natur darstellen, selbst wenn er für die Bedürfnisse der menschlichen Kommunikation entwickelt wurde. Überdies ist der Code *binär*, wie der meist als Maschinensprache genutzte Code heutiger Computer.

In einem zweiten Schritt versteckte Bacon dann die codierte Botschaft in einem weiteren Text. Diesen Schritt fügte er möglicherweise deshalb noch ein, weil eine längere Abfolge von »Unterschieden« wie Kanonenschüsse oder Glockenläuten Verdacht erregen könnte oder zu schwierig mit ausreichender Genauigkeit zu überwachen war. Hier ein Beispiel, wie Bacon die Botschaft »Flieh!« (englisch *FLY*) verschlüsselt hätte. Zunächst hätte er den Text seiner Botschaft, *FLY*, mit Hilfe des zweibuchstabigen Alphabets verschlüsselt (Tab. 6.2). Im zweiten Schritt verwendet Bacon dann zwei verschiedene Alphabete, hier »a-« und »b-Form« genannt, die sich nur durch die Form ihrer Drucktypen unterscheiden (Tab. 6.3). Die Buchstaben der beiden Formen ähneln sich einander genug, um keinen Verdacht zu erregen, sind aber dennoch so unterschiedlich, daß ein aufmerksamer Beobachter die Zugehörigkeit zur »a-« oder »b-Form« erkennen kann. Über einige hier nicht dargestellte Zwischenschritte konnte nun Bacon unter Zuhilfenahme der beiden Alphabetformen die Geheimbotschaft *FLY – FLIEH!* in

Tab. 6.4: Beispiel für die Verschlüsselung der Botschaft FLY! (*Flieh!*) in dem das Gegenteil aussagenden Satz »Do not go till I com[e]« (*Bleib, bis ich da bin.*) nach Bacons Methode.

F	L	Y
aa bab *do not*	ab aba *go til*	b a bba *l i com*

den unverfänglichen, ja sogar das Gegenteil aussagenden Satz *Do not go till I com[e]* (»Geh nicht weg, bevor ich da bin.«) integrieren (Tab. 6.4). Mit dieser Botschaft gelänge es nicht nur, einen Feind zu täuschen, sondern ihn sogar in die Irre zu leiten. Bacon schreibt, schon in der Antike wäre mit dieser Methode so mancher der Entdeckung durch seine Feinde entgangen, wenn er den Trick denn bereits gekannt hätte. Doch trotz ihrer Raffinesse scheint Bacons Methode auch zu seiner eigenen Zeit nie im diplomatischen Verkehr verwendet worden zu sein, wo man sich auf viel einfachere Methoden verließ. Denn tatsächlich verletzt seine Verschlüsselungstechnik die von ihm selbst aufgestellte erste Regel, daß sie nämlich »einfach und leicht aufzuschreiben« sei – bei seiner Methode mußte man auf winzige Veränderungen in der Darstellung der Buchstaben achten, um sie sicher einer der beiden Alphabetformen zuordnen zu können. Immerhin scheint sich Bacon dessen auch bewußt zu sein, denn er beklagt sich über »die Roheit und Ungeschicklichkeit von Sekretären und Schreibern an den Königshöfen«, die »für die wichtigsten Angelegenheiten schwache und leicht zu entschlüsselnde Geheimschriften wählen«. Offensichtlich hatte er die praktischen Grenzen seines kryptographischen Einfallsreichtums durch eigene schlechte Erfahrungen oder die anderer kennengelernt. Seine Veröffentlichung des zweistufigen Verschlüsselungsverfahrens war zugleich eine Forderung nach größerer Sicherheit durch bessere Techniken und besser ausgebildete Schreiber. Diese praktischen Schwierigkeiten blieben aber noch lange bestehen, und entsprechende Verbesserungen ließen noch einige Jahrhunderte auf sich warten.

Bacons Interesse für Geheimschriften ging über ihre Verwendung in der Diplomatie hinaus. Die mögliche Verwendung von Geheimschriften fordert zu einem kühneren und aufmerksameren Lesen nicht nur jedes gegebenen Textes, sondern auch jedes Systems von »Unterschieden« *(differences)* auf, wie es laut Bacon in allem Gehörten oder Gesehenen gefunden werden kann – also überall im Bereich der Natur. Dieses weiter gesteckte Ziel geht über das einer Verbesserung der diplomatischen Geheimschriften hinaus, wo es mehr um das bessere *Verbergen* einer Nachricht als um das *bessere Erkennen* geht. Bacons Lesarten der alten Mythen sind dagegen tatsächlich »Entschlüsselungen«. Die äußeren Symbole sind »gewissermaßen wie ein Schleier von Legenden«, die verborgene Tiefen verdecken. Er bemerkt, daß »sich Religion in solchen Schleiern und Schatten gefällt, und ein Lüften und Ausleuchten derselben würde fast bedeuten, jegliche Gemeinschaft zwischen Göttlichem und Menschlichem aufzukündigen« – nur mit Hilfe von Symbolen könnten also derart verschiedene Bereiche wie das Göttliche und das Menschliche überhaupt erst zusammengebracht werden. Tatsächlich aber waren Parabeln ursprünglich nicht dazu gedacht, einen Sinn zu verschleiern, sondern diesen zu verdeutlichen. So hat zum Beispiel jedes Detail der Sphinx eine präzise Analogie zu einem Aspekt der Wissenschaften. In ähnlicher Weise sind die rätselhaften Botschaften der Natur nicht undurchdringlich obskur; vielmehr sind wir zu einfältig und ungeduldig, sie zu entschlüsseln. Bacons Schriften lehren uns die Kunst des Interpretierens durch Decodieren.

Bacon ging nicht davon aus, daß das Buch der Natur in einer menschlichen Sprache geschrieben sei, auch nicht in einer durch Geheimschrift verborgenen Form. Seine entscheidende Einsicht war, daß man für die methodische Entschlüsselung der Natur mit einer »Sprache« zurechtkommen muß, die Interpretationen neuer Dimension bedarf. Tatsächlich bedeutete Bacons Verknüpfung der beiden Konzepte *Interpretation* und *Natur* einen großen Erkenntnisfortschritt. Für Aristoteles mußte noch nicht die Natur interpretiert werden, sondern die menschliche Sprache. Für Bacon »ist die Interpretation die wahre und natürliche Arbeit des Geistes, wenn er [nur erst einmal] von [allen möglichen] Behinderungen befreit ist.« Zu diesen Behinderungen zählen die radikalen Schwächen des menschlichen Verstehens, das von falschen Leitbildern bedrängt wird, und die labyrinthische Kompliziertheit der Welt selbst. Das alte Labyrinth verbarg den Minotauros, der die Kinder Athens fraß, bis er von Theseus getötet wurde, der selbst dem Labyrinth mit Hilfe eines Fadens entkam. Bacon, Autor von *The Clue to the Maze* (»Der Faden durch das Labyrinth«) präsentiert sich als der neue Theseus, der die Menschheit vom Minotauros des Todes befreit durch wissenschaftliche Geheimnisse, die er dem Labyrinth entwunden hat.

Ebenso wie Daedalos zugleich das Labyrinth erbaute und den Weg hindurch zugänglich machte, indem er Ariadne das Garnknäuel für Theseus gab, beruft sich Bacon auf die Wissenschaft, um zu dem Allerheiligsten – den Geheimnissen der Natur – vorzudringen. Bacon meinte, Forscher in der Tradition des Ordens von Salomos Haus könnten den Schleier über der Natur durch eine gewisse von ihm selbst entwickelte Methode der Interpretation zerreißen, deren Schlüsselelement er als »Induktion« bezeichnete. Um diesen Schlüssel zu finden, entwarf er zunächst ein symbolisches, schematisiertes »Alphabet der

Natur«. Bei dem Schlüssel selbst handelte es sich jedoch nicht um eine starre Struktur, wie es etwa ein Nachschlüssel ist, oder um eine Art Schritt für Schritt abzuarbeitenden Algorithmus, wie zum Beispiel ein modernes Computerprogramm, sondern eher um einen »Schlüssel« im kryptographischen Sinn: ein flexibles, auch die Intuition einbeziehendes Verfahren, das den Entschlüsselungsprozeß steuert, und in dessen Verlauf sich die Struktur der Geheimschrift allmählich abzeichnet.[4] Die entscheidende Vorbereitung auf diesen Vorgang der »Induktion« besteht in einer gründlichen Aufstellung von »Tafeln und Anordnungen von Fallbeispielen, und zwar auf eine solche Art und Weise, daß der Verstand in der Lage ist, mit ihnen zurechtzukommen«. Bacon organisiert auch sein »Alphabet der Natur« auf eine ähnliche Weise. Er kann noch keine vollständigen Beispiele dafür angeben, aber er liefert bereits einen erweiterten Ansatz mit umfangreichen Tafelwerken, zum Beispiel über die Natur der Wärme. Hier kommt er zum Beispiel zu Ergebnissen, die der modernen Sichtweise verblüffend ähneln, bei denen Wärme und Hitze Formen von Molekularbewegungen sind. Wichtig zum Verständnis der Methodik sind hier die Tabellen selbst, die zahlreich und detailliert vorliegen und viele Kombinationsmöglichkeiten von Bedingungen berücksichtigen. So erstellt er Tafeln über »Fälle des Auftretens von Wärme«, »Fälle, die mit denen, in welchen die Eigenschaft sich zeigt, nahe verwandt sind«, oder »Tafeln, in denen unterschiedliche Grade der Wärme in der Veränderung eines Gegenstandes zu beobachten sind«. Diese Tabellen ähneln denen, die man auch zum Ver- und Entschlüsseln von Geheimschriften ver-

---

[4] Das Verfahren selbst wird von Bacon nur fragmentarisch beschrieben; bereits die Interpretation dieser Fragmente beschäftigt nachfolgende Wissenschaftlergenerationen bis heute; vgl. Sekundärliteratur. (A. d. Ü.)

wendet, auch wenn sie hier nicht auf die menschliche Sprache angewandt werden, sondern auf »die Dinge selbst«. Ein Geheimschriftexperte untersucht die Korrelationen zwischen den Erscheinungsformen gewisser Buchstaben in einem Text, allein oder in Zweier- oder Dreiergruppen, und stellt die Ergebnisse in einer Tabelle dar. Diese Tabelle zeigt dann auch, welche chiffrierten Buchstaben *nicht* mit welchen anderen korrelieren. Andere Tabellen zeigen die Reihenfolge, mit der die Buchstaben korreliert sind, ob sie vor oder nach gewissen anderen stehen. Analog hierzu sammelte Bacon in seinen Tabellen Daten, zum Beispiel zur Wärme, und stellte so viele Korrelationen wie möglich zusammen.

Schon aus den frühesten uns bekannten Quellen wissen wir, daß die Kryptographie immer schon auf derartige Tabellen zurückgriff, um sie als Schlüssel zur Ver- und später zur Entschlüsselung zu verwenden. Angesichts von Bacons Detailwissen erscheint es sehr wahrscheinlich, daß auch er sich entweder selbst mit Verschlüsselungstechniken befaßt hatte oder solche Arbeiten anderer gesehen oder davon gehört hatte. Seine Entwicklung einer neuen, sichereren Geheimschrift zeigt, daß er sich der Bedeutung einer professionellen Kryptoanalyse und sehr wahrscheinlich auch ihrer detaillierten Methoden voll bewußt war. Auch zur Entwicklung seiner eigenen Geheimschrift benutzte er sicherlich Tabellen. Die Tafeln des Kryptoanalytikers bilden den notwendigen Ausgangspunkt, um eine Geheimschrift auf systematische Weise zu entschlüsseln. In einem nächsten Schritt können dann gewisse charakteristische linguistische Eigenschaften (wie die Häufigkeit des Buchstabens »e« im Englischen) sehr viel leichter ans Licht gebracht werden und einen Ansatzpunkt zur vollständigen Lösung liefern. In seinen wissenschaftlichen Tabellen verwendet Bacon die gleichen logischen Kombinationsmuster und Korrelationen, die auch den kryptoanalytischen Tafeln ihre Wirksamkeit verleihen. In beiden Fällen stehen die Tabellen am Beginn des *Lesens*, das ja selbst ein interpretativer Prozeß ist: Die Passagen im verschlüsselten Text, die die geheime Nachricht enthalten, müssen gefunden und geprüft werden; Hypothesen müssen formuliert und überprüft werden, selbst wenn man sie schließlich verwerfen muß, immer in der Hoffnung, daß schließlich die richtige Ordnung erscheint.

Sowohl die Kryptoanalyse wie Bacons Jagd nach den inneren Formen der Natur erfordert phantasievolle Gedankensprünge und Assoziationen, die über eine lediglich buchhalterische Anhäufung von Daten hinausgehen. Obwohl Bacon eine Wissenschaft fordert, die »wie eine Maschinerie« betrieben werden sollte, ist er sich dennoch der Wichtigkeit des außergewöhnlichen Individuums bewußt. Der Patres vom Hause Salomo sind nur wenige, aber sie verlassen sich auf viele andere bei der immensen Aufgabe, geeignete Fallbeispiele auszuwählen und zusammenzustellen. Doch nur auserwählten Geistern gelingt schließlich der Sprung von den Datensammlungen der Tabellen zur Formulierung von Gesetzmäßigkeiten, der das Werk der Entdeckung vollendet. Bacon nennt in seinen mythischen Erzählungen Beispiele solch einzigartiger Entdecker; die Bezwinger des Labyrinths dürfen nicht verwechselt werden mit ihren Mannschaften und Gefährten, so wertvoll diese auch sein mögen. Der Faden, der aus dem Labyrinth leitet, ist empfindlich und muß sorgsam behandelt werden, denn er kann zerreißen. Bacon glaubte, das richtige Lesen des Buches der Natur sei den wenigen vorbehalten, die dem Faden folgen können; der Rest der Menschheit – einschließlich des weisen Königs von Bensalem – muß warten.

Darüber hinaus jedoch können sogar die Wissenschaftler nicht die Zukunft voraussehen; die großen Entdeckungen der

Vergangenheit erfolgten oft ziemlich unerwartet. Wirklich neue Interpretationen müssen sich im Vergleich zu dem Bekannten »schroff abheben und dissonant erscheinen, ähnlich wie die Mysterien des Glaubens sich von der Alltagserfahrung abheben.« Er war weise genug vorauszusehen, daß auch er selbst überrascht von der Zukunft sein würde. Neue Erfahrungen können erst in dem Moment beurteilt werden, wenn sie entstehen, man kann sie nicht vorwegnehmen. Das Buch der Natur zu lesen heißt es zu erfahren, mit ihm zu experimentieren, selbst auf die Gefahr hin, alte Gewißheiten zu zerstören. Bacon hatte die Vision einer Brücke zwischen Symbolen, dem »Alphabet der Natur«, und den Dingen selbst. Dadurch nahm er einen fundamental neuen Zugang zu dem »Buch der Natur« wahr, der sowohl den Charakter des Buches als auch schließlich das Verständnis der Natur selbst transformieren sollte.

Kapitel 7

Kein Rätsel bleibe ungelöst

∞

Indem er die Mysterien der Natur mit den Gesetzen der Mathematik verband, hoffte er, die Geheimnisse beider mit dem gleichen Schlüssel zu erschließen.

– Grabinschrift von Descartes

Symbolische Mathematik: Das war das wichtige Element, das in Bacons Vision der neuen Wissenschaft noch fehlte. Ironischerweise verglich er die Mathematik mit den »inhumanen« Praktiken der Folter: Sie »reduziert das Lernen auf einige öde und leere Allgemeinplätze; handelt es sich doch dabei bloß um Hülsen und Schalen von Wissenschaft, wenn alle gehaltvollen Kerne durch den Druck der Methode bereits hinausgepreßt und ausgestoßen sind.« Unter »Mathematik« verstand er jene strengen und sterilen logischen Klassifikationsschemata, die zu seiner Zeit »Dichotomien« genannt wurden. Mit seiner Kritik an den Mängeln der ihm bekannten zeitgenössischen Mathematik wurde er sich aber immerhin auch ihres noch unentdeckten Potentials bewußt. Vielleicht hätte er anders darüber geurteilt, wenn er den ganz unterschiedlichen Charakter der neuen Zweige der Mathematik gekannt hätte, wie sie von einigen seiner Zeitgenossen tatsächlich bereits erforscht wurden. Obwohl er wahrscheinlich wirkungsvolle Entschlüsselungsverfahren für Geheimschriften kannte, erkannte er nicht, daß man mit Hilfe ähnlicher Methoden auch mathematische Probleme lösen und das Buch der Natur erforschen konnte. Das Aufblühen der symbolischen Mathematik gab dem Unternehmen Entschlüsselung einen ganz neuen Schub.

Hier laufen die Geschichte der modernen Algebra und der Kryptoanalyse zusammen, denn beide wurden durch die gleiche Person begründet: François Viète, lateinisch Vieta (1540–1603). Als junger Mann lernte Viète die wichtigsten Führer der Calvinisten kennen, darunter den noch jugendlichen König Heinrich III. von Navarra (der spätere Heinrich IV. von Frankreich), dessen Vertrauter er wurde. In jenen Jahren freundete sich Heinrich auch mit Anthony Bacon an, der im Dienste der englischen und protestantischen Sache in Frankreich als Gesandter unterwegs war; es ist gut möglich, daß sich Bacon und Viète damals kennengelernt haben. Viète gelangte in einflußreiche Positionen und erhielt schließlich den Titel eines Beraters des Königs. Obwohl seine Intelligenz und sein diplomatisches Geschick Viète für diese Positionen empfahlen, betonen doch die wenigen überlieferten Anekdoten, daß er eigentlich ganz in der Mathematik aufging. Manchmal arbeitete er drei Tage am Stück in seinem Zimmer, ohne zu essen oder zu schlafen. »Nie war jemand mehr für die Mathematik geboren«, schrieb ein Zeitgenosse, der ebenfalls notierte, daß » Viète jung starb, denn er brachte sich durch exzessives Studieren selbst um«. Doch Viète verfügte noch über eine andere seltene und wertvolle Fähigkeit, die ihn unter anderen wertvollen Ratgebern hervorhob: Er war in der Lage, abgefangene Geheimschriften des italienischen und des spanischen Hofs zu entschlüsseln, die ständig versuchten, in die Auseinandersetzungen in Frankreich zwischen katholischen und protestantischen Lagern einzugreifen.

Als Protestant mußte Heinrich seinen Anspruch auf den

Thron durch Kampf wie durch Diplomatie gegen die Ansprüche katholischer Kreise verteidigen, die behaupteten, kein Protestant könne legitimer König Frankreichs sein. Dann fiel ihm ein verschlüsseltes Schreiben von Philipp II. von Spanien in die Hände. Der von Viète entschlüsselte Text verriet nicht nur die Einzelheiten der spanischen Pläne, sondern auch das Ausmaß der Ambitionen des Herzogs von Mayenne, dem Anführer der Katholiken, der ebenfalls König von Frankreich werden wollte – sehr zur Überraschung der Spanier, die anscheinend eine ihrer Infantinnen auf den Thron heben wollten. Solches Insiderwissen war für Heinrich wertvoll zum Ausarbeiten eines Kompromisses, wobei er zum Katholizismus konvertierte und sich im Gegenzug Mayenne seiner Herrschaft unterwarf. Viète zeigte allerhöchstes Vertrauen in seine kryptoanalytischen Fähigkeiten. Er versicherte seinem König, »keine Angst zu haben, daß dieses ein Anlaß für Eure Feinde sei, ihren Code zu ändern, um geschützter zu sein. Das haben sie schon mehrmals gemacht, und dennoch sind ihre Tricks immer wieder entdeckt worden und werden dies auch in Zukunft.« Viètes Selbstvertrauen war auch durchaus gerechtfertigt, denn er entschlüsselte spanische und andere Botschaften bis 1594, als Mayenne endlich Heinrich als König akzeptierte.

Als Philipp II. erkannte, daß die Franzosen offensichtlich den spanischen Geheimcode geknackt hatten, beschwerte er sich darüber beim Papst und meinte, sie müßten wohl schwarze Magie benutzt haben, um dies zu erreichen. Der Papst ging auf diese Anschuldigungen nicht ein, sicherlich eingedenk der Tatsache, daß auch die päpstlichen Geheimschriftexperten die spanischen Geheimbotschaften ebenfalls schon seit gut 30 Jahren und ganz gewiß ohne irgendeine Hilfe des Teufels immer mitgelesen hatten. Ein zeitgenössischer Chronist notierte, daß Philipps II. Beschuldigungen diesem nur

»Verachtung und Empörung« derer eintrugen, die davon hörten. Spanien schien gar keine Kryptoanalysten gehabt zu haben, was die Haltung des Königs erklären könnte.

Auf seinem Totenbett gab Viète seine Methoden dem engen Vertrauten des Königs, Sully, zu Protokoll. Viète war klar, daß seine Entschlüsselungstechniken von den meisten seiner Zeitgenossen nicht zu verstehen waren, und befürchtete, sie würden mit seinem Tod untergehen. Die Aufzeichnungen waren geheim und blieben lange unbekannt. Bereits die Existenz von Methoden, feindliche Mitteilungen lesen zu können, galt als großes Staatsgeheimnis, um so mehr noch die genaue Technik selbst. Es war also keine Überraschung, daß Gerüchte über solche Fähigkeiten selbst wohlinformierten Zeitgenossen unglaubwürdig klangen, darunter auch Vignère. Noch 1771 machte sich Voltaire über Kryptoanalysten lustig als »ebenso große Scharlatane wie die, die behaupten, sie verstünden eine Sprache, die sie nicht einmal gelernt haben«.

Doch Viète wußte es besser. Er empfahl nicht nur, Entschlüsselungstalente zu fördern, sondern geradeheraus die Entwicklung »unfehlbarer Regeln«, die diese Methoden selbst seinen skeptischen Zeitgenossen zugänglich machen sollten. Viète war der erste, der einen wirklich methodischen und umfassenden Angriff auf Geheimschriften führte, im Gegensatz zu dem sonst üblichen, eher auf den glücklichen Zufall bauenden Herumprobieren. Auch wenn sein Nachlaß geheim blieb, trainierte er doch andere in seinen Methoden. Die »Schwarzen Kammern« des folgenden Jahrhunderts integrierten solche Methoden als Kernstück in ihr Entschlüsselungswerk.[5]

---

[5] Anfang des 17. Jahrhunderts hatten alle europäischen Mächte sogenannte »Schwarze Kammern«, Institutionen zum Abfangen und Entschlüsseln geheimer Nachrichten. (A. d. Ü.)

Zur selben Zeit, als Viète diese Entschlüsselungsmethoden entwickelte, war er ebenfalls damit beschäftigt, der Algebra eine neue Form zu geben. Um seine Leistung zu verstehen, lohnt ein Blick auf Al-Khwarizmi, einen arabischer Wissenschaftler aus dem 8. Jahrhundert n. Chr., der ein Buch verfaßt hatte, das wichtige Elemente der arabischen Kunst und Wissenschaft ins Abendland brachte. *Al-jabr* bedeutet *Wiederherstellung* oder *Vervollständigung*, in moderner Terminologie ein mathematisches Verfahren der Addition gleicher Terme zu beiden Seiten einer Gleichung, insbesondere zur Beseitigung negativer Größen. Der weniger bekannte Ausdruck *Al-muqabalah* bedeutet *Entgegensetzen* oder *Ausgleichen*, nämlich gleiche Terme von beiden Seiten einer Gleichung zu subtrahieren.

Al-Khwarizmi führt einfache Probleme mit ihren Lösungen auf, bietet aber noch keinerlei allgemeine Lösungsverfahren an. Er verwendet nichts, was den modernen Notierungen der Algebra ähnelte; es gibt keine Variablen oder Gleichungen, nur Feststellungen in der rhetorischen Form von Sätzen darüber, was er als »Wurzeln« bezeichnet, die heutigen »Unbekannten«. Al-Khwarizmi ordnet seine Probleme anhand der Typen von Mengen an, die einander gleichgesetzt werden. So werden etwa Quadrate Wurzeln oder Quadrate und Wurzeln zusammen Zahlen gleichgesetzt; damit ist bereits ein gewisser Sinn für die *Typen* von Fragen vorhanden, die er beantworten kann. Dennoch sind in den meisten Fällen die Lösungen so einfach, daß keine wirkliche Methode erwartet oder gegeben wird. So springt er zum Beispiel bei einem Fall, wo er »Quadrate Wurzeln gleichsetzt« (zum Beispiel $x^2 = 9$) direkt zu der Lösung, die Wurzel sei 3. Sein Beispiel vermeidet sorgfältig jede Schwierigkeit mit irrationalen Zahlen, indem er eine perfekte Quadratzahl auswählt, nämlich 9. Bei Fällen, die wir heute »quadratische Gleichungen« nennen und die bei ihm »Quadrate und

Wurzeln sind gleich Zahlen« heißen, liefert Al-Khwarizmi eine mysteriöse Regel für die Lösung der Wurzel. Tatsächlich handelt es sich um die allgemeine Formel für die Lösung einer quadratischen Gleichung, wie sie auch heute noch in den Schulen gelehrt wird, jedoch noch ohne die symbolische Ausdrucksweise, die ihre Allgemeingültigkeit manifestiert. In Worten ausgedrückt, handelt es sich tatsächlich um eine Art Rezept, das beginnt mit: »Zuerst nehme man die Hälfte der Wurzeln ...« und weitere Schritte umfaßt. Sein Beweis scheint (wie bei einem Kochrezept) darin zu liegen, daß es funktioniert, und hierfür präsentiert Al-Khwarizmi einfache Beispiele.

Solche Vorschriften glichen den Praktiken der Alchimie, die zu seiner Zeit in Blüte standen; beide suchten nach einem wertvollen Unbekannten, er nach einer Zahl, jene nach Gold, das durch Umwandlung gegebener Materialien hergestellt werden sollte. Tatsächlich bezeichnete Al-Khwarizmi das als *Substanz* (arabisch *mal*), was wir als »Quadrat« bezeichnen (x^2). Diese »Substanz« wird hergestellt aus »Wurzeln«, kombiniert mit Zahlen. Al-Khwarizmi ist sich durchaus bewußt, daß sein Verfahren in einigen Fällen nicht funktioniert und »man dann keine Gleichung hat«, zum Beispiel in den Fällen, wenn die Quadratwurzel aus einer negativen Zahl zu ziehen wäre. Offensichtlich erkennt er aber noch nicht, daß es solche (heute nennen wir sie »imaginäre«) Zahlen geben kann. Er ist sich der Dürftigkeit seiner Rezepte bewußt und fühlt sich verpflichtet, »geometrisch die Richtigkeit der mit Zahlen gezeigten Lösungen zu beweisen«. Dann präsentiert er eine graphische Darstellung dessen, was wir heute als »Lösen einer quadratischen Gleichung« bezeichnen würden, um seine Rechenvorschrift zu beweisen.

Obwohl also seine Vorschrift durchaus bereits von jemandem benutzt werden konnte, der entweder nicht wußte, warum sie richtig ist, oder sich darum nicht kümmerte, hatte Al-Khwarizmi den Eindruck, die Vorschrift werde nur durch einen Verweis auf antike Geometrie verständlich. Damit unterschied er sich von den meisten Alchimisten, die es zufrieden waren, eine unhinterfragte Verbindung zur Weisheit der Alten herzustellen und diese dann einfach nachzuahmen, ohne sie zu verändern oder sie auch nur verstehen zu wollen. Al-Khwarizmis Erklärung taucht erst am Ende auf, nach der nüchternen Aufzählung seiner einfallsreichen Tricks. Mangels einer allgemeingültigen Symbolik präsentiert er auch die Erklärung in Form eines speziellen Beispiels. Sein Diagramm erläutert nur einen einzigen Fall und macht nicht klar, wie von den hier diskutierten Problemen andere Lösungen für weitere Probleme abgeleitet werden können.

Geraume Zeit bestand die Praxis der Algebra aus einem eher obskuren und unkritischen Gebrauch solcher »Rechentricks«. Im 16. Jahrhundert wurde aus der Algebra dann allmählich »die »Kunst des *coss*« (vom italienischen *cosa*, »das Ding« oder »Unbekannte«), manchmal auch »die große Kunst«, und ihr wurde die Beschäftigung mit verborgenen oder unbekannten Eigenschaften von Zahlen nachgesagt. Was genau Algebra verbergen sollte, wurde niemals präzisiert, doch man vermutete, daß es sich um Dinge handelte, die den lediglich oberflächlich mit Zahlen Vertrauten unbekannt waren, und um Kräfte, die zur Erlangung derartigen Wissens erforderlich seien. Es war also nicht klar, welche spektakulären, aber auch für Mißbrauch offenen Kräfte hinter dieser Technik steckten. Der gefeierte Hofmagier und Astrologe Elisabeths I., John Dee, betrachtete Algebra als einen Bestandteil der Arithmetik und lobte ihre Verwendung für Händler, Seefahrer, Münzprägeverantwortliche, Ärzte und alle anderen, die Substanzen mischen oder abwägen müssen, sei es Gold oder Arznei. Algebra ist eine machtvolle praktische Kunst, eine wichtige Ergänzung zu dem, was er »Archemaistrie« oder »Experimentelle Wissenschaft« nennt, für Dee gleichbedeutend mit »angewandter Zauberei«. Man schloß daraus, daß Algebra von großem Nutzen auch für die »Thaumaturgia« sei, der Kunst, Wunder zu wirken. Trotz Dees angesehener Position brach jedoch 1583 eine aufgebrachte Menge in sein Haus ein, zerstörte optische Apparaturen (darunter einen berühmten Satz konvexer Spiegel, den die Königin besonders bewundert hatte) und verwüstete seine große Bibliothek. Es bleibt unklar, inwieweit dieser Vandalismus mit vagen Ängsten vor Hexerei oder Schwarzer Magie und wieviel er mit Dees mathematischen Diagrammen zu tun hatte. Die Mathematik wurde in weiten Kreisen verdächtigt, eine der »Schwarzen Künste« zu sein, und gewöhnliche Leute hielten sie für sehr gefährlich.

Dee verteidigt mathematische Studien gegen die Anschuldigungen seiner »geisteskranken, unbesonnenen, boshaft-gehässigen und geringschätzigen Landsleute«. Noch 1550 galten Bücher, die irgendeine Form von mathematischen Diagrammen enthielten, als besonders suspekt und wurden als »papistisch, teuflisch oder sogar beides« verbrannt. Wenn schon einfachen geometrischen Diagrammen derartiges unterstellt wurde, kann man sich nur vorstellen, in was für einem Licht die Symbole der Algebra betrachtet wurden. Auch wenn diese panischen Ängste auf die Ungebildeten beschränkt gewesen sein dürften, war das Ansehen der Algebra auch unter den Gebildeten gering. Die »Kunst des *coss*« galt als brauchbar für öffentliche Vorführungen, ähnlich wie Zaubertricks oder akrobatische Kunststücke, um das einfache Volk zu unterhalten und ihm Ehrfurcht einzuflößen. Erst 1548 veranstalteten Ludovico Ferrari und Niccolò Tartaglia, zwei berühmte italienische Mathematiker, nach einer skandalträchtigen Kontroverse über die Lösung quadratischer Gleichungen einen aufsehenerregenden öffentlichen Wettbewerb in Mailand.

Trotz der beachtlichen Leistungen dieser Italiener fehlte der Algebra auch damals immer noch ihre heute charakteristische Symbolik und ihre Methodik. Diese wurden schließlich von François Viète eingeführt und 1591 in seiner *Einführung in die Kunst der Analysis* zum ersten Mal beschrieben. Er vergleicht die Alchimie mit der arabischen Algebra, einer Kunst

> so alt, verdorben und beschmutzt, geschändet und entweiht durch die Barbaren, daß ich es nötig fand, um ihr eine ganz neue Form zu geben, ein ganz neues Vokabular auszudenken und zu veröffentlichen. ... Schon früher erkannten alle Mathematiker, die die Algebra oder *Almuqabala* lobten und rühmten als »die große Kunst«, daß sich darunter ein unvergleichlicher Goldschatz verbirgt, obwohl sie bisher erst sehr wenig davon gefunden haben. ... Das Metall, das ich jetzt zutage bringe, enthält das Gold, das sie so lange suchten. Und entweder dieses Gold ist alchimistischer Natur und damit falsch, oder aber es ist echt und wahr.

Viète sieht sich selbst als den wahren Alchimisten, der den Traum der Verwandlung unedler Stoffe in Gold erfüllt hat, indem er eine verwahrloste, barbarische Kunst in etwas Reines und Erhabenes verwandelt hat. Auch René Descartes, der etwas später als Viète an dieser neuen Mathematik arbeitete, sprach ähnlich respektlos über die arabischen Urformen der Algebra als »der Kunst, die den barbarischen Namen ›Algebra‹ trägt, einer konfusen und obskuren Kunst, die den Geist behindert, anstatt eine Wissenschaft zu sein, die ihn fördert«. Viète beschreibt die arabischen Algebraiker als »mühsehlig schuftend« und »feuerspeiende Drachen bekämpfend«, womit er wohl auf die Schwierigkeiten hindeutete, denen sie beim Lösen komplexerer Probleme begegnen mußten. Der Grund für ihre Schwierigkeiten sei, daß sie »ihre Logik auf Zahlen anwandten«, das heißt, die arabischen Algebraiker hatten keine allgemeingültigen Lösungsstrategien. Selbst Diophantus, der große griechische Mathematiker, auf den sich die Araber bezogen, konnte Probleme nur durch Mechanismen lösen, die speziell auf die in Frage kommenden Zahlen des Einzelfalls zugeschnitten waren. Diophantus' Symbolschreibweise war eine Art Kurzschrift für eine Problemlösungsvorschrift, die aber nur auf ein spezielles Problem angewandt werden konnte, anders als die generellen Symbole, wie sie Viète und Descartes immer häufiger benutzten.

Der Großteil der antiken Mathematik war *synthetisch*, schritt vom Lehrsatz, dem Axiom, zum Theorem, wie bei den Beweisen des Euklid. Doch Viète betonte, es gebe »eine gewisse Art, die Wahrheit herauszufinden«, die er als *analytisch* bezeichnete. Dabei ging er von einer als richtig angenommenen Tatsache aus und arbeitete sich dann »zurück«, um herauszufinden, was erforderlich sei, um zu dieser Behauptung zu gelangen. Nach Viètes Meinung fehlte den antiken Denkern »die Wissenschaft, in der Mathematik richtige Ergebnisse zu finden«. Die analytische Kunst ist eine *Kunst des Problemlösens.* Viète löst die Algebra aus ihrer traditionellen Abhängigkeit von der »Logik der Zahlen«, indem er die Techniken der Arithmetik anwendet auf etwas, das er selbst *species* nennt, ganze Klassen oder Kategorien von Zahlen. Hierzu führt Viète den Terminus *Koeffizient* ein, Platzhalter für bestimmte Zahlen, die in einem bestimmten Problem einer allgemeinen Art auftauchen. So lehrt er uns zum Beispiel, statt über einen bestimmten Term wie $9x^2 + 5x + 7$ eher über eine verallgemeinerte Version, nämlich $\mathrm{a}x^2 + \mathrm{b}x + \mathrm{c}$, nachzudenken. Damit ist Viète der Vater der echten algebraischen Unbekannten in ihrer ganzen Abstraktheit. Viète selbst bemerkt sofort, daß »diese Logistik sehr viel erfolgreicher und wirkungsvoller ist als die numerische, um Größenordnungen in Gleichungen miteinander zu vergleichen«. Dadurch habe er »die berühmteren Probleme, die bisher als ›irrational‹ bezeichnet wurden«, gelöst, einschließlich der Dreiteilung eines Winkels und die Verdopplung des Volumens eines Würfels, Probleme, die die Geometriker der Antike lange beschäftigt hatten.

Viète schreibt, diese Kunst sei einigen antiken Autoren bekannt gewesen, aber inzwischen verlorengegangen. Er sieht sich selbst nicht als Entdecker oder Erfinder, sondern als Wiederentdecker. Doch wie kam Viète zu dieser Vermutung? Der Schlüssel mag in der Parallele zwischen seinen mathematischen und kryptologischen Arbeiten liegen. In beiden Fällen sieht er eine neue Art Symbolik, in der die Geheimschrift für einen Klartext steht (bzw. das algebraische Symbol für seinen impliziten Wert). Genauso wichtig dürfte sein, daß auch die Suche nach der Lösung einer Geheimschrift systematischen Prozeduren folgt. Bei Viètes Symbolik der *species* handelt es sich im Grunde genommen selbst um eine Art *Geheimschrift*, ein amphibisches Konzept, das allgemeine Eigenschaften von Zahlen verschmilzt mit den konkreten Zahlen, die gegebene Bedingungen erfüllen. Wenn die gegebene Gleichung ähnlich einem Geheimschrift-Text ist, dann entspricht die algebraische Lösung dem Vorgang des Geheimschrift-Entschlüsselns. Gewiß beruhen Viètes Techniken der Geheimschrift-Entschlüsselung noch lediglich auf den relativen Wahrscheinlichkeiten, mit denen bestimmte Zweier- oder Dreiergruppen von Zeichen nebeneinander auftreten, und verwenden keine direkten algebraischen Gleichungen. Der *neuartige Symbolcharakter* des algebraischen Symbols und der der Geheimschrift sind dennoch eng miteinander verwandt, und das gilt auch für das gleichermaßen wichtige Konzept des *systematischen Lösens.* Der triumphierende Schlußsatz seines Buchs proklamiert daher nichts weniger, als daß »die analytische Kunst ... sich mit vollem Recht das stolze Problem aller Probleme zu eigen macht, nämlich: KEIN RÄTSEL BLEIBE UNGELÖST.« Hier ist »das stolze Problem aller Probleme« in den Zenit aller Anstrengungen des Menschen gehoben.

Obwohl Viète selbst noch gar nicht versuchte, seine neuen Methoden tatsächlich für die Lösung naturwissenschaftlicher Fragestellungen einzusetzen, taten dies sehr bald andere. In der Ankündigung seiner großen Entdeckungen erklärte Galileo Galilei:

> Die [Natur-] Philosophie ist niedergeschrieben in diesem großen Buch, dem Universum, das ständig unserem Blick offensteht. Aber das Buch kann man nicht verstehen, ohne die Sprache zu erlernen, in der es geschrieben ist. Es ist geschrieben in der Sprache der Mathematik, und seine Buchstaben sind Dreiecke, Kreise und andere geometrische Figuren, ohne die es dem Menschen nicht möglich ist, auch nur ein Wort davon zu verstehen; ohne diese wandert man umher in einem dunklen Labyrinth.

Es stellte sich heraus, daß es sich bei den mysteriösen Buchstaben des Buchs der Natur um mathematische Symbole handelt. Dennoch las Galilei sie noch als geometrische Figuren, ganz im Geist der antiken Geometrie. Sein großer Beitrag bestand darin zu zeigen, daß Geometrie auch auf Probleme bewegter Körper angewandt werden kann, auf die physische Welt, und nicht nur auf mathematische Aussagen. Galilei demonstrierte, wie stark Geometrie die unvermeidlichen Irregularitäten der beobachtbaren Welt idealisiert. Der Schlüssel im dunklen Labyrinth der Natur war: Mathematik.

In den darauffolgenden Jahren nutzten andere die Macht der algebraischen Symbole noch stärker und wandten sie erstmals direkt auf die Natur an. Als junger Mann gab der spätere französische Philosoph René Descartes das Studium der Literatur auf zugunsten von Wissen, das »in mir selbst oder in dem großen Buch der Welt zu finden ist«. Indem er die Buchstaben jenes Buches der Welt als symbolische Kryptogramme interpretierte, zeigte Descartes einen neuen Weg zur Enthüllung seiner Geheimnisse auf. Zunächst fragt Descartes, wie man wohl am ehesten etwas in einem unvertrauten Alphabet Geschriebenes entschlüsseln würde, dem überdies noch jede erkennbare Ordnung fehlt. Er antwortet, daß man wohl kaum durch reines Ausprobieren zum Ziel komme, sondern viel eher durch ein systematisches Vorgehen. Damit mag die Entschlüsselung von Geheimschriften für Descartes zunächst eine Art Spiel gewesen sein, doch die dazu erforderlichen Methoden betrachtete er durchaus schon als Vorbild für ein systematisches Herangehen an die Geheimnisse der Natur, mit deren Hilfe er sich ein immer tieferes Verständnis versprach. Die Erkenntnis der vollen Macht eines hoch abstrahierenden Symbolsystems – sei es eine Geheimschrift oder eine algebraische Darstellung – war ein entscheidender Schritt in der Entwicklung modernen wissenschaftlichen Denkens. Gottfried Leibniz, Miterfinder der Differentialrechnung, betrachtete die Kryptologie sogar als ein entscheidendes Modell für eine universelle Wissenschaft, die eine verallgemeinerte symbolische Mathematik einschließen und den Anspruch erfüllen sollte, den kryptischen Text der Natur zu entziffern.

Der junge Descartes reiste durch die Welt, »verkleidet als Soldat« (wie er in seinen privaten Aufzeichnungen schrieb), ein kühner Beobachter in der Tarnung des Kombattanten, für ihn die beste Methode, die Welt zu betrachten. In seinem selbstgewählten Motto spiegelt sich sein Bedürfnis, sich zu verbergen: *Bene vixit, bene qui latuit* (»Gut hat der gelebt, der sich gut zu verbergen gewußt hat.«) Zweifellos dachte er dabei an Galileis Auseinandersetzungen mit der Kirche, die so viele alarmiert hatten, die in der Wissenschaft neue Wege einschlagen wollten. Descartes' Maske schützte ihn vor politischen oder kirchlichen Gefahren, aber half ihm auch, sich gegenüber ihm seelenverwandten Geistern zu offenbaren. Er schrieb, er habe sein bahnbrechendes Werk, *La Géométrie* (1637), in einem absichtlich obskuren Stil geschrieben, als ob er die neuen Techniken vor allen verbergen wollte außer vor den wenigen Mathematikern, die bereit waren, ihm zu folgen. Zur gleichen Zeit jedoch lenkte die Publikation seiner »neuen Mathematik« und seiner physikalischen Einsichten die Aufmerksamkeit auf diese neuen Techniken, die er so genau befolgt wissen wollte, »als wäre es ein Faden der Ariadne beim Betreten des Labyrinths«. Nun wurde Descartes interessant für jene, die ebenfalls das Labyrinth durchsuchen wollten und dabei versuchten, sich den Blicken unliebsamer Mächte zu entziehen. Wie mit einem verstohlenen Ruf zu den Waffen nehmen seine zurückhaltenden Enthüllungen das »Buch der Natur« ins Visier und fordern es heraus. Die Suche nach den verborgenen Tiefen erfordert geheime List, und mit der Entwicklung wirkmächtiger mathematischer Methoden war nun die Zeit gekommen, die Entschlüsselung der Natur zu beginnen.

Teil IV

Spione Gottes

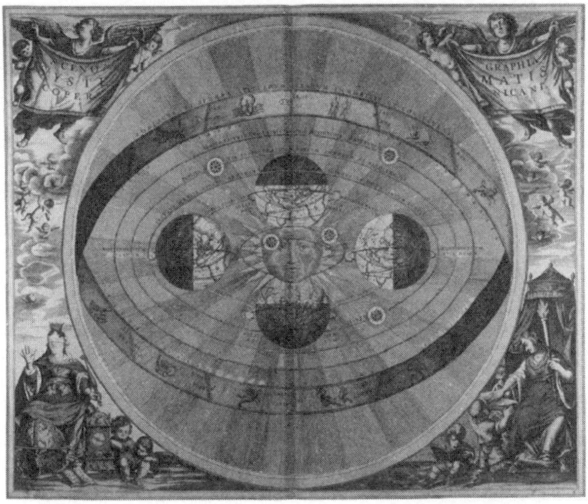

Das kopernikanische Weltbild (Andreas Cellarius 1661)

Kapitel 8

Kepler auf der Brücke

∞

Mit reinem Geist bete ich, daß wir über die Geheimnisse Seiner Pläne werden sprechen können gemäß dem gnädigen Willen des allwissenden Schöpfers, mit der Einwilligung und gemäß dem Geheiß Seines Verstandes. ... Denn diese Geheimnisse sind nicht von der Art, daß ihre Erforschung verboten werden sollte; vielmehr sind sie vor unsere Augen gesetzt wie ein Spiegel, so daß wir, indem wir sie untersuchen, zu einem gewissen Grad die Güte und Weisheit des Schöpfers selbst betrachten.

– Kepler, *Epitome astronomiae Copernicanae*

An einem eisigen Wintertag des Jahres 1610 ging Johannes Kepler über die Karlsbrücke in Prag und betrachtete einige Schneeflocken, die auf seinem Mantel gelandet waren. Und ebenso wie kurz zuvor sich in den Wolken Wasserdampf zu diesen zauberhaften Gebilden kristallisiert hatte, kristallisierten in diesem Moment ganze Schwärme von Gedanken, die seit Wochen in seinem Geist herumwirbelten, zu einer Vision. Es vereinten sich Intuition und Mathematik, und er erblickte die äußeren Umrisse eines kosmischen Tempels ...

Beim Betreten der Brücke hatte er sich noch mit etwas ganz anderem beschäftigt. Er hatte nach einem Geschenk für einen Freund und Gönner, Kaiser Rudolf II., gesucht, doch nichts

Passendes gefunden. Seine Gedanken kreisten immer stärker um den Begriff des »Nichts«, denn sein Freund »liebte das Nichts«, wie er es scherzhaft auszudrücken pflegte. Obwohl Kepler der Kaiserliche Mathematiker am Hof Rudolfs war, war seine Geldschatulle stets leer, denn sein kaiserlicher Arbeitgeber erfüllte nur selten seine Zahlungsverpflichtungen. Also schrieb Kepler ihm ein kleines Büchlein mit dem Titel *Strena seu De nive sexangula – Neujahrsgabe oder Vom sechszackigen Schnee* (1611) in der Hoffnung, diese seine Überlegungen seien, eben wie Schneeflocken, »das ideale Neujahrsgeschenk für einen Diener des Nichts, genau das richtige Geschenk eines Mathematikers, der Nichts besitzt und Nichts bekommt, denn auch das Nichts kommt – gerade wie die Schneeflocken – direkt vom Himmel«. Kepler gefiel dabei auch, daß er hier noch ein Wortspiel machen konnte, heißt doch das süddeutsche *nix* (für »nichts«) im Lateinischen »Schneeflocke«. Zu Keplers Beruf als Mathematiker gehörten auch die Bereiche, die wir heute zu Astronomie und Astrologie zählen würden. In der Schneeflocke, die sich leicht auf seiner Schulter niedergelassen hatte, erblickte er eine vergängliche, himmlische Form, wie ein Paradiesvogel, der gerade eben einmal die Dunkelheit der Erde durchfliegt.

Kepler staunte nicht nur über die perfekte Form der Schneeflocke, sondern mehr noch über die sechsfache Symmetrie, die sie mit den Bienenwaben gemeinsam hatte. Bäume und Büsche, das wußte er, blilden gewöhnlich eine *fünffache* Symmetrie aus. Dort waren die Kräfte des Lebens am Werk; Kepler stellte sich vor, wie die zarten Leiber junger Bienen es sich in ihren sechseckigen Waben bequem machen. Schneeflocken hingegen waren unbelebt, das war auch Kepler klar, obwohl er gefühlvoll von ihnen als »gefiederte Blätter« oder »Federn« sprach. Er versuchte, nachdem er den Einfluß äußerer Faktoren ausgeschlossen hatte, einen »inneren« Grund für die sechszählige Gestalt zu finden. Nichts entsteht zufällig und ohne Grund, nicht einmal die Form einer Schneeflocke. »Es gibt da also eine gestalterische Kraft im Körper der Erde«, vermutet er. Sein Geist versteigt sich zu kühnen Spekulationen über Geister, Gott den Schöpfer und Festkörpergeometrie, schilt sich aber gleich darauf schon selbst als Narr. Doch jetzt plötzlich drängen die Fragen ganz massiv, umwirbeln ihn wie der immer stärker werdende Schneefall. Er versucht sich an zahlreichen Analogien von Festkörpergeometrie bis zu den seltsamen Mustern der Fenster von türkischen Bädern, doch all diese Versuche schlagen schließlich fehl, schmelzen dahin wie die Schneeflocken auf seinem Mantel.

Trotz dieser zunächst vergeblichen, wohl auch einfach noch nicht ausgereiften Versuche nimmt Kepler den »Kampf« mit seinem Problem wieder auf. Auch jetzt gewinnt er ihn noch nicht, aber seine euphorische Stimmung treibt ihn voran. Obwohl er sich auf den Verstand verläßt, hat er doch keinen kühlen Kopf mehr. Er ist erregt, er fiebert, als er erkennt, daß seine Idee »noch für viel mehr Überraschungen gut ist« als nur zur Lösung seines Problems. Diese Erkenntnis spornt ihn geradezu an, und er fühlt »die Chance, die Wahrheit durch den Vergleich vieler falscher Spuren zu erwischen«. Das Labyrinth muß eine Mitte haben.

Neben etlichen unvollkommenen Schneeflocken sind auch einige perfekte Sechsecke. Plötzlich fällt Kepler auf, daß diese außergewöhnlichen Flocken nicht nur sechseckig, sondern auch noch *flach* sind. Warum flach? Obwohl er keinen Beweis dafür hat, ist er sicher, daß dies für Schneeflocken einfach die perfekte Form sein muß. Er ist noch nicht in der Lage, die Tragweite dieses Geistesblitzes voll zu erkennen, doch er weiß jetzt, *daß* er mit seiner Idee über einen ersten Schlüssel verfügt, mit

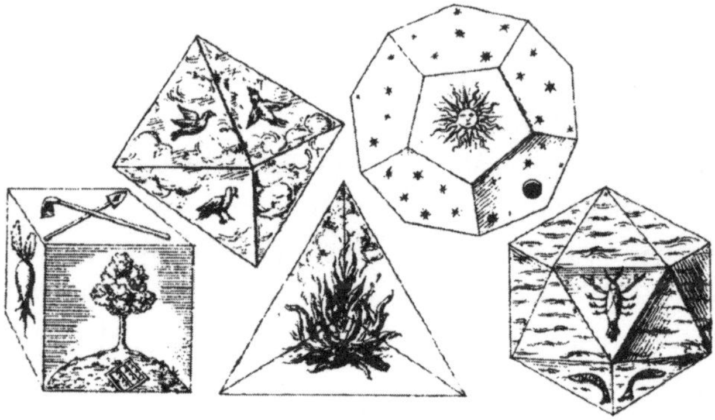

Abb. 8.1: Keplers Darstellung der fünf platonischen Körper mit den ihnen jeweils zugeschriebenen Elementen: Würfel (Erde), Oktaeder (Luft), Tetraeder (Feuer), Dodekaeder (Sonne und Himmelskörper), Ikosaeder (Wasser). (*Harmonices mundi*, 1619).

dessen Hilfe er noch einiges erreichen kann, so unbedeutend sie in diesem Augenblick noch scheinen mochte. Kepler notiert, daß andere Kristalle in Form der fünf »platonischen Körper« vorliegen, dreidimensionale Strukturen, die regelmäßige Seitenflächen haben. Diese verdanken ihre Bezeichnung der Platon zugeschriebenen Annahme, daß sie die einzigen regulären Festkörper auf der Erde seien (Abb. 8.1), während andere Formen allenfalls den Himmelssphären vorbehalten seien. Kepler erkennt damit plötzlich einen Zusammenhang zwischen irdischen und himmlischen Formen. »Doch die schöpferische Kraft der Erde beschränkt sich nicht auf eine einzige Form; sie kennt die gesamte Geometrie und ist darin bewandert.« Kepler notiert, daß sich Gott selbst wohl mit Geometrie beschäftigt haben müsse, was sowohl in Kristallen als auch in der perfekten Schneeflocke auf seinem Mantel erkennbar sei. Obwohl Geometrie tatsächlich »Nichts«, »nichts Faßbares« sei, bestimmt sie doch die sichtbare Form von Materie.

Im Kern der Materie muß sich etwas Immaterielles befinden, ein »Nichts«, wenn man die Materie selbst als »Alles« bezeichnet. Kepler wendet sich wegen dieser Frage an Chemiker und Alchimisten in der Hoffnung, sie könnten ihm vielleicht den Grund für die sechseckige Form einer Schneeflocke erklären. Er hatte die Vision von einer Brücke zwischen der materiellen, irdischen Welt und der himmlischen Sphäre des geometrischen Wissens: In der Schneeflocke nahm einfaches, irdisches Wasser eine himmlische Form an, so als ob sich auf seinem Mantel ein Stern niedergelassen hätte.

Jene Brücke überqueren – das bedeutete sowohl im wörtlichen als auch im übertragenen Sinn den Gebrauch mathematischer Argumente, die Kepler noch in der Sprache der klassischen Geometrie Euklids formulierte. »Geometrie ist einzigartig und ewig, sie spiegelt den Geist Gottes wider.« Obwohl Kepler bereits Viète und dessen neue Algebra kannte, bediente er sich ihrer nicht und äußerte an den wenigen Stellen, wo er sie überhaupt erwähnte, Bedenken. Kepler stand dem Gebrauch von Symbolen in der Mathematik sowohl interessiert als auch skeptisch gegenüber. Er bemerkte hierzu:

> Auch ich spiele gerne mit Symbolen; so habe ich mit dem Verfassen eines kleinen Werks begonnen, der *Geometrischen Kabbala*; es beschäftigt sich mit den »Ideen« der natürlichen Objekte in der Geometrie. Und doch vergesse ich die ganze Zeit über, während ich so spiele, nicht, daß ich spiele. Denn wir können niemals etwas mit Hilfe von Symbolen beweisen; in der Naturphilosophie kann kein verborgen Ding mittels geometrischer Symbole aufgedeckt werden, sondern nur bereits bekannte Dinge zusammengefügt werden; es sei denn, durch bereits bekannte Tatsachen kann gezeigt werden, daß die Symbole nicht nur rein abstrakt,

> sondern Beschreibungen der Art und Weise sind, wie die Natur und das Symbol miteinander verbunden sind, und der Gründe dieser Verbindung.

Das von ihm erwähnte Werk wurde tatsächlich nie geschrieben oder ging verloren, doch vielleicht bezieht er sich in dem Zitat auf eine Art analytische Geometrie, wie sie später von Descartes eingeführt wurde. Was immer Kepler gemeint haben mag, in seinem gesamten Werk findet sich keine weitere Spur einer symbolischen Mathematik, und doch bewegte sich die mathematische Physik seiner Zeit in gerade diese Richtung. So nimmt sein Kommentar zur symbolischen Mathematik bereits eine tiefe Einsicht voraus, die später Newton ausformulieren sollte: Mathematik kann Beziehungen gerade deshalb aufdecken, weil sie die innere Natur der Dinge abstrahiert. Kepler weist ebenfalls schon auf die überragende Bedeutung hin, eine Verbindung, eine Brücke, herzustellen zwischen den Symbolen und der physi(kali)schen Realität, zwischen der mathematischen Theorie und experimentellen Daten.

Dementsprechend widersprach Kepler auch zeitgenössischen Versuchen, sich auf esoterische Traditionen der Manipulation von Symbolen zu berufen, denn diese hielten die Mathematik davon ab, sich in einem fruchtbaren Ringen mit quantitativen Daten und Erfahrungswerten auseinanderzusetzen. Robert Fludd, ein prominenter Alchimist, notierte spöttisch, daß es sich bei Keplers Sorge um die Quantitativität um eine Karikatur wahrer Philosophie handele: »Denn es mag den gewöhnlichen Mathematikern überlassen bleiben, sich mit quantitativen Schatten zu befassen; die Alchimisten und hermetischen Philosophen dagegen erfassen den wahren Kern der Naturkörper; ... [Kepler] hat das Problem beim Schwanz erwischt, ich dagege packe es am Kopf; ich erfasse den wirkli-

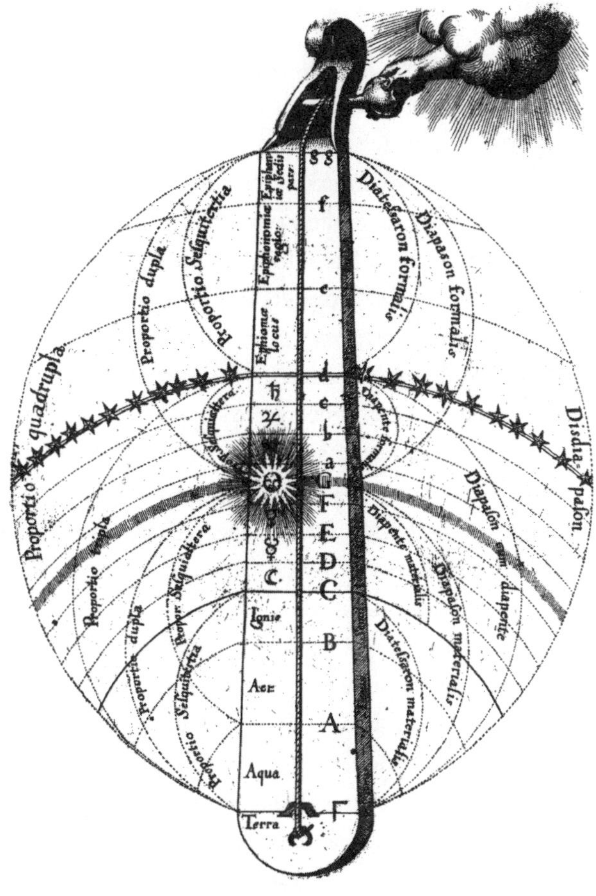

Abb. 8.2: Robert Fludd, *Monochordus mundanus*. Die Hand Gottes reguliert die Harmonie des Weltenlaufs. (*Utriusque Cosmi ... historia*, 1600).

chen Grund, die *prima causa*, er nur deren Auswirkungen.« Für Fludd kann wahre Mathematik nur »erklärt werden durch hieroglyphische und hoch bedeutungsvolle Zeichen«, die er *hieroglyphical figures* nennt. Ähnlich wie die »extrahierte Essenz« der Alchimisten destillieren diese Hieroglyphen das geheime

»innere Wesen der Dinge« heraus und präsentieren es »als wertvolles Juwel, gefaßt in einen goldenen Ring, in einem Symbol, das am besten zu seiner Natur paßt« (Abb. 8.2). Fludd stellt weiterhin die Erde in den Mittelpunkt des Weltalls, nicht die Sonne, und seine Darstellung des Kosmos versucht im Gegensatz zu Kepler nicht, die genauen Distanzen zwischen den Planeten wiederzugeben. Ziel einer solchen hieroglyphischen Darstellung ist es, die Seele des gläubigen Betrachters tiefer in das durch sie symbolisierte Mysterium hineinzuziehen, das nur spirituell, nicht jedoch quantitativ interpretierbar ist.

Zwischen dem Hieroglyphen eines Mystikers und dem Diagramm eines Mathematikers besteht in der Tat ein riesiger Unterschied. Kepler hält Fludd entgegen: »*Wohl packe ich den Schwanz*, aber ich halte ihn fest; *Ihr dagegen ergreift den Kopf in Gedanken,* doch nur, so glaube ich, in euren Träumen.« Kepler sagte rundheraus, er hasse alle Kabbalisten, und er distanzierte sich von ihrem Beharren auf Geheimnistuerei und Esoterik. Er war sich sicher, daß es eine Art moralische Pflicht gebe, die Geheimnisse der Natur ans Licht zu bringen. »Gott wollte, daß wir diese Gesetze erkennen, als er uns nach seinem Bilde schuf, so daß wir auch seine eigenen Gedanken teilen sollten.« In dem Gebet, das dieses Kapitel einleitet, gesteht Kepler zwar zu, daß es verbotenes Wissen geben könne, doch ähnlich wie Bacon bekräftigt er, daß das Wissen über die Natur nicht zu diesem gefährlichen Wissen gehöre. Er gibt sogar eine mathematische Begründung dafür an: »Denn was bleibt im menschlichen Geist denn sonst erhalten außer Zahlen und Größen? Nur diese allein erfassen wir auf die richtige Art und Weise; und darüber hinaus – wenn uns die Ehrfurcht erlaubt, dies so auszusprechen – ist, indem wir dies tun, unser Wissen gar von der gleichen Art wie das göttliche, soweit wir, zumindest in diesem irdischen Leben, überhaupt in der Lage sind, etwas über dieses zu erfahren.« Die mathematische Qualität dieses Wissens zeugt von seiner göttlichen Herkunft.

Von früher Jugend an hatte Kepler nach der inneren Beziehung zwischen Geometrie und der sichtbaren Welt gesucht. Seine Ideen kristallierten schließlich in einer bestimmten Theorie, übrigens ebenso wie seine religiösen Vorstellungen, in der Geometrie einen Kommentar zur Genesis zu erkennen. Ausgangspunkt dieser Theorie war Platons Vision, der Schöpfer habe die fünf oben erwähnten Formen in die Welt hineingeprägt. Auf dieser Grundlage hatte Kepler am 19. Juli 1595 im Alter von 24 Jahren seinen ersten uns überlieferten Geistesblitz. Diesen Tag vergaß er nie. Er bemerkte nämlich einen Zusammenhang zwischen Platons Vision und der kopernikanischen Hypothese von der Sonne als Mittelpunkt des Universums. Kepler erkannte, daß die gemessenen Radien der Umlaufbahnen der fünf damals bekannten Planeten ähnlich den Radien sind, die erforderlich sind, um die fünf platonischen Körper in einer gewissen Reihenfolge ineinander zu verschachteln (Abb. 8.3). Die Eleganz und Ästhetik dieser Vorstellung überwältigte ihn und rührte ihn zu Tränen. Er hatte das Gefühl, trotz seiner Unwürdigkeit göttliche Mysterien zu erblicken. Kepler nannte diese Entdeckung in einer Veröffentlichung »das Geheimnis des Kosmos« (*Mysterium cosmographicum*, 1596). Rückblickend meinte er später: »Aus diesem kleinen Büchlein ergaben sich mein ganzer späterer Lebensweg, meine Studien und Arbeiten.« Es überzeugte ihn auch, Mathematiker anstatt Theologe zu werden, wie er ursprünglich geplant hatte: »Man betrachte nur, wie Gott auch in meinem astronomischen Werk gepriesen wird.«

Mit diesen göttlichen Geheimnissen brachte Kepler »den Allmächtigen« ins Spiel, und er selbst nahm eine gehörige Portion Ambrosia, der Speise der Götter. Er hatte nun die Erlaub-

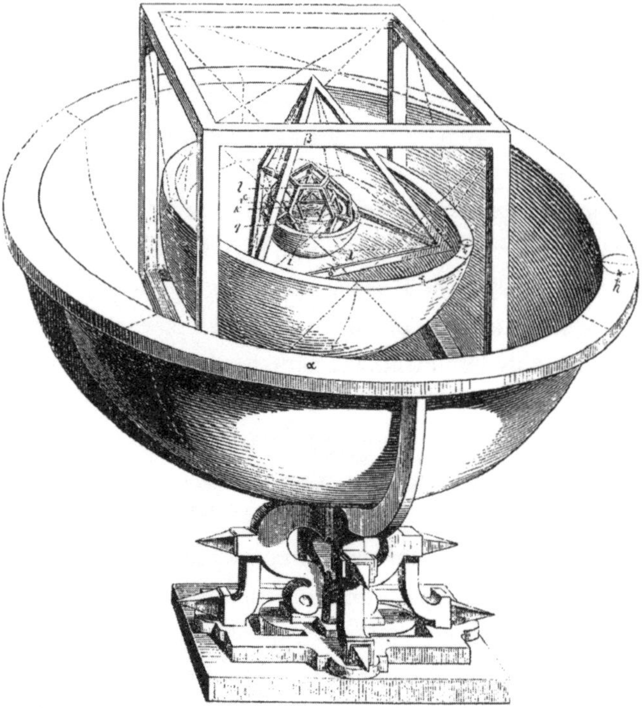

Abb. 8.3: Keplers Modell der ineinandergeschachtelten platonischen Körper (*Mysterium cosmographicum*, 1596).

nis, die Gedanken des Schöpfers bei der Erschaffung der Welt zu verstehen, »die Natur des Kosmos, Gottes Motiv und Plan zu seiner Erschaffung, Gottes Quell für die Zahlen, das Gesetz für eine so gewaltige Masse, den Grund, warum es sechs Umlaufbahnen gibt...« Es sind dies die geheimsten Dinge im gesamten Universum, denn »nichts in der Natur der Dinge ist oder war besser verborgen, ... nichts ist wertvoller, nichts prachtvoller als dies in dem leuchtenden Tempel Gottes«. In Keplers Darstellung bilden die geometrischen Figuren, die die Planeten symbolisieren, ein dreidimensionales Labyrinth in einem riesigen dreidimensionalen Raum, nicht nur in einer flachen Ebene. Und im Zentrum des Labyrinths erstrahlt die Sonne als himmlischer Kristall.

Dennoch hinderte ihn diese Euphorie nicht daran, die Schwächen seiner jugendlichen Eingebungen zu erkennen. Die Diskrepanzen zwischen Beobachtungen und den Vorhersagen seines Modells forderten seine Neugier heraus. Wie sein Lehrer Mästlin schrieb, waren die kopernikanischen Daten nicht genau genug, um die Positionen der Planeten exakt vorherzuberechnen. Als Kepler mit Tycho Brahe zusammenarbeitete, bekam er genauere Daten, die sein Modell korrigieren und perfektionieren helfen sollten. Tycho seinerseits wurde vielleicht eher von Keplers offensichtlicher Geschicklichkeit angezogen als von dessen fragwürdiger Hypothese.

Diese Fragen veranlaßten Kepler aber nicht dazu, seine Idee fallenzulassen; vielmehr kam er in zahlreichen Schriften immer wieder auf sie zurück, um sie zu perfektionieren und zu vervollständigen. Späterere Astronomen verwarfen Keplers Theorie der ineinander verschachtelten Festkörper zwar, denn bei weiteren Berechnungen stellte sich heraus, daß die Umlaufbahnen der Planeten nicht zu seinem geometrischen Modell passen. Dennoch können selbst moderne Astronomen die einfache empirische Formel nicht erklären, die die Radien der Planetenumlaufbahnen miteinander in Beziehung setzt (das sogenannte »Titius-Bode-Gesetz«). Vielleicht findet irgendwann einmal jemand eine überzeugende Erklärung, warum die Planeten so angeordnet sind, wie es tatsächlich der Fall ist. Keplers Frage bleibt aktuell, auch wenn sein Antwortversuch scheiterte. Denn diese Idee, auch wenn sie sich als unrichtig erweisen sollte, war doch ein Prüfstein für Keplers spätere Arbeiten. Dieser schöne Irrtum erlaubte es ihm, überraschende Wahrheiten herauszufinden, einschließlich seiner berühmten Gesetze über die Planetenbewegungen, die später auch für Newton so entscheidend waren.

Zunächst machte sich Kepler an die möglichst exakte Bestimmung der Umlaufbahnen der Planeten. Dann versuchte er, eine verborgene Erklärung für das zu finden, was er von dem *Mysterium* erspäht hatte. Diese enge Verbindung visionärer Intensität mit kühner Beachtung winzigster Details hoben Kepler von geheimnistuerischen Träumern oder rein deskriptiven Beobachtern ab. Er geriet in einen immer stärkeren Kampf mit den unerbittlichen Tatsachen mit dem Ziel, seine Vision zu verteidigen. Er betrachtete sich selbst als »Schüler des Mars«, nicht nur, weil sich ein bedeutender Teil seines Lebens im tragischen Schatten der Religionskriege abspielte, sondern auch, weil ihm klar geworden war, daß er nur »auf eine militärische Weise« die von ihm gewünschte Erkenntnistiefe erreichen konnte. Keplers kurzer »Kampf« um die Struktur der Schneeflocke läßt sich durchaus als eine Miniatur seines weit größeren »Kampfes« mit dem Planeten Mars betrachten, den er in seiner früheren Arbeit *Astronomia nova* (1609) geschildert hatte.

Bei diesem Kampf ging es um die genaue Form der Umlaufbahn des Mars. In seiner Widmung präsentiert er seinem kaiserlichen Schirmherrn Rudolf II. Mars als »einen höchst edlen Gefangenen, der nach einem langen, schwierigen und anstrengenden Kampf unter dem Schutz Ihrer Majestät nun von mir gefangengenommen werden konnte«. Seinen gesamten Brief durchziehen pseudoheroische Triumphmetaphern, obwohl er wirklich eine heldenhafte Leistung zu feiern hat. Nach Plinius d. Ä. war »der Mars der unverfolgbare Stern«, aufgrund seiner unregelmäßigen Umlaufbahn die letzte Herausforderung für die Astronomen. Außerdem spielte Mars eine wichtige Rolle für die Astrologie. Kepler bezeichnet ihn als »Meister des Horoskops« und erinnert Rudolf an die astrologische Bedeutung für die deutsche Nation. Kepler macht auch spielerische Andeutungen und setzt sich verschmitzt für seine schlecht ausgestattete »Armee« der Astronomen ein. Keplers eigenes Salär wurde nur allzu häufig mit großer Verspätung gezahlt, und insofern basierte sein Plädoyer auch auf einem dringenden persönlichen Bedürfnis. Die »Marsmetapher« gibt seinem streng fachwissenschaflichen Buch auch eine gewisse dramatische Qualität. Dennoch ist Keplers Stil keine reine Ornamentik. Man sollte nicht vergessen, daß er sich als Student intensiv mit Rhetorik beschäftigte und einige Jahre lang selbst in Graz Vergil und Rhetorik unterrichtete. Dies gelang ihm nach den überlieferten Beurteilungen seiner damaligen Vorgesetzten ausgezeichnet. Keplers Arbeiten zeugen auch davon, daß er sich seiner Zuhörerschaft und der sorgfältigen Praxis der Überzeugungskunst immer klar bewußt war. Seine Mühen schilderte er recht freizügig in Begriffen, die mit Kampf und Eroberung zu tun haben. Er bestätigt Bacons Bilder des »Ringens« um die wissenschaftliche Erkenntnis und der erforderlichen besonderen »Erhöhung« und »Stählung« des wissenschaftlichen Eros.

Doch zurück zur *Nova astronomia.* Hier ist man beeindruckt von der Darstellung eines immensen und verwirrenden Kampfes, den das Werk vermittelt. Kepler wählte bewußt eine Präsentierweise, die im Kontrast zur Klarheit des Ptolemäus stand. Jener hatte versucht, den Leser »von selbstverständlichen Grundlagen zu Schlußfolgerungen« zu leiten. Kepler entschied sich auch, nicht bloß eine Beschreibung der Bewegungen des Mars anzugeben. Statt dessen entwickelt er seine aufsehenerregenden Methoden vor den Augen des Lesers, um seine »Zustimmung zu verdienen und zu erhalten und jeden Verdacht, neumodische Effekthascherei zu betreiben, zu zerstreuen«. Tatsächlich sind Keplers Erkenntnisse noch weitaus gewichtiger und schockierender als die des Kopernikus, der der alten Astronomie treu geblieben war und weiter an der These von den kreisförmigen Umlaufbahnen der Planeten festgehalten hatte. Keplers Einführung elliptischer Planetenbahnen bedeutete dagegen einen nie dagewesenen Aufbruch. Er betont die vollständige *mathematische* Äquivalenz der Theorien von Ptolemäus, Kopernikus und Tycho: »Soweit Astronomie oder die himmlischen Erscheinungen betroffen sind, sind die drei Ansichten für praktische Zwecke gleichwertig wie ein Ei dem anderen und führen zu den gleichen Ergebnissen.« Er ist sich auch durchaus bewußt, daß Kopernikus die gleichen Beobachtungsdaten verwendete wie Ptolemäus über 1000 Jahre zuvor.

Kepler dagegen verwendete die neuen und viel genaueren Daten, die er von Tycho Brahe übernommen hatte, der aus allen seinen Beobachtungen immer ein Geheimnis machte. Kepler hatte eine Erklärung unterschreiben müssen, daß er alle ihm gelieferten Informationen geheimhalten werde, obwohl er diese Praxis als einen »üblen Brauch unserer Zeit, dessen man sich schämen sollte«, bedauerte. Er hätte es vorgezogen, seine Gedanken »den Meistern der Wissenschaft mitzuteilen, so daß ich durch ihre Hinweise sofort zu Fortschritten in unserer göttlichen Kunst gelange«. Nach Brahes Tod setzten seine Verwandten alles daran, ihre Urheberrechte zu wahren. Trotz (oder vielleicht auch wegen) dieser sorgfältigen Geheimhaltung hatte Brahe selbst noch nicht die Bedeutung seiner eigenen Beobachtungen gesehen, wie sie Kepler später herausarbeitete. Tycho enthüllte in seinem Werk eine neue Sicht der Welt, blieb aber dem Modell der kreisförmigen Umlaufbahnen treu und konnte sich daher nicht überwinden anzuerkennen, was er selbst entdeckt hatte. Sein entscheidender Beitrag zur Astronomie seiner Zeit war die Bestimmung der Positionen der Himmelskörper mit einer bis dahin nie erreichten Präzision. Ptolemäus und Kopernikus hatten noch eine Genauigkeit ihrer Daten von 10 Bogenminuten angegeben (also einem sechstel Grad; ein Grad besteht aus 60 Minuten). Das war an sich schon eine kühne Behauptung, wenn man berücksichtigt, daß ein so weit wie möglich ausgestreckter Daumen schon etwa 2 Grad, also 120 Bogenminuten, abdeckt. Dennoch fand Brahe, daß ihre Daten weit weniger genau waren als von beiden vermutet; sie wichen teilweise bis zu einem ganzen Grad ab. Er selbst schaffte mit bloßem Auge und in Zusammenarbeit mit mehreren Beobachtern eine bewundernswerte Genauigkeit von 2 Minuten. Für Kepler mußte am kritischen Punkt eine Genauigkeit von besser als 8 Minuten erreicht werden.

Der Fall Mars wurde entscheidend, weil dessen Position 1593 um 5 Grad von dem aus früheren Messungen berechneten Wert abwich. Diese große Abweichung war ein Beweis dafür, daß die Astronomie einer Reform bedurfte. Es war teilweise Zufall, daß Kepler sich zunächst mit dem Mars beschäftigte, als er Tycho in Prag besuchte. Dennoch befand er rasch, daß dieser glückliche Zufall eine Art »göttliche Fügung« war, denn die Bewegungen des Mars »lieferten den einzigen möglichen Zugang zu den verborgenen Geheimnissen der Astronomie, ohne die wir von diesen wohl nie etwas erfahren hätten« – dies aus Gründen, über die noch zu sprechen sein wird. Diese Erwähnung von »verborgenen Geheimnissen« erlaubt einen besonderen Blick auf Keplers einzigartige Sichtweise. Denn sowohl Ptolemäus als auch Kopernikus bezeichneten ihre Theorien noch als »rein mathematisch«. Kepler jedoch nahm eine vollkommen andere Haltung ein, indem er sein 1609 erschienenes Buch mit *Astronomia nova, seu Physica Coelestis* überschrieb. Damit drückte er seinen – durchaus revolutionären –Wunsch aus, Fragen der irdischen Physik auch auf das Weltall auszuweiten, genauso wie er in der Schneeflocke auf der Karlsbrücke einen vom Himmel gefallenen Stern erblickt hatte.

Ptolemäus und Kopernikus hatten an kreisförmigen Planetenbahnen festgehalten in der Annahme, derartige Bewegungen seien dem Reich des Himmlischen eigen. Kepler dagegen überträgt die irdische Physik auf die Astronomie des Himmels und stellt damit unmittelbar diese Vorannahme in Frage. Zugleich ebnet er den Weg für seine spätere Entdeckung, daß sich die Planeten »im Ätherwind« auf elliptischen Bahnen bewegen. Die einzige Physik, die bis dahin bekannt war, die aristotelische, war begrenzt auf die von Wachstum und Veränderung – griechisch *physis* – geprägte Erde, im Gegensatz zu der davon völlig unterschiedlichen Sphäre des Himmlischen – griechisch *uranos* –, die vollkommen und unveränderlich sein sollte. Indem er den Geltungsbereich der Physik auf das Weltall ausdehnte, stellte Kepler die gesamte bekannte Physik ebenso wie die bisherige Astronomie in Frage. Es ist nicht überraschend, daß er bei der Vorstellung seiner Erkenntnisse zu einer neuen Darstellungsweise greift. Kepler kombiniert, was er »eine historische Darstellung meiner Entdeckungen« nennt, mit der geordneteren und zeitlosen Exposition der Phänomene und Hypothesen, die sein Anliegen unterstützen. Wie seine Theorien vermischt er auch rhetorisch irdische Physik und Himmelskörper. Oft vereinfacht er die Darstellung und verändert die strikte Reihenfolge seines Vorgehens; er führt den Leser über viele Irrwege, die er später korrigiert. Er vergleicht seine falschen oder irreführenden Pfade mit den Irrwegen von Kolumbus und Magellan, deren Irrtümer »uns ja auch beim Lesen riesige Freude machen«. Auch Kepler präsentiert uns »die Streitereien, Wirrungen oder einfach Zufallsereignisse«, die ihn schließlich erstmals zu seinen Erkenntnissen führten.

Einesteils dient diese Darstellung tatsächlich dazu, daß der

Leser ebenfalls genußvollen Anteil an seinen gefahrvollen Reisen nimmt, doch Kepler verfolgt noch einen anderen Zweck. Er stellt fest: »Auch wenn wir keineswegs selbst zu Argonauten werden, wenn wir die Berichte ihrer Heldentaten lesen, machen doch die Schwierigkeiten und Dornen *meiner* Entdeckungen schon das Lesen schwer – das Schicksal, das alle Bücher über Mathematik teilen.«

Kepler fordert seine Leser auf, selbst Argonauten zu werden, wenn sie den neuen Jason auf der Suche nach dem Goldenen Vlies begleiten. Obwohl er ironisch eingesteht, daß Leser historischer Forschungsberichte gewöhnlich dadurch noch nicht selbst zu Helden werden, deutet er dennoch an, daß *seine* Leser ähnlichen Gefahren ausgesetzt werden könnten wie er selbst. Er leugnet nicht »die sehr große Lust«, die er selbst empfand »beim Überwinden der Wahrnehmungsschwierigkeiten, und diese gesamte Sequenz von Entdeckungen [auch seinen Lesern] einmal vor Augen zu halten.« Wenn er sagt, dies sei »das gemeinsame Schicksal aller Bücher über Mathematik«, meint er damit, daß alle Leser derartiger Werke die Beweise nachvollziehen müssen, wenn sie sie adäquat verstehen wollen. Er schlug nicht den Weg der heutigen Lehrbücher ein, die versuchen, die Schwierigkeiten der Theorien, die sie zu erklären versuchen, *zu verbergen*, und einfacherere Rechenbarkeit dem tieferen Verständnis vorziehen.

Die »Dornen« auf Keplers Pfad waren stachliger als die, auf die Ptolemäus und Kopernikus stießen. Diese versuchten nicht, Himmelsphänomene *physikalisch* zu erklären, sondern nur, sie mathematisch vorhersagbar zu machen. Für Kepler reichten die physikalischen Ursachen tiefer, sie sollten erklären, warum die Welt so ist, wie sie ist, und nicht anders. Diese verborgenen Ursachen waren das Goldene Vlies auf Keplers Suche, das er nur über viele enttäuschende Irrwege erlangen konnte. Wie bei der Reise der Argonauten gehen die größten Helden aus Prüfungen hervor, die auch den Leser herausfordern und erfreuen. Kepler verwendete unabhängig von Bacon die gleiche historische Bilderwelt wie dieser und erläuterte an ihnen die zu überwindenden Schwierigkeiten. Kepler verwendet zudem eine Synopse, um dem Leser zu helfen, und bezeichnet sie als »Leitfaden durch das Labyrinth seiner Arbeit«. So verbindet er das Bild von Theseus im Labyrinth mit den Heldentaten der Argonauten. Kepler räumt ein, daß sein Leitfaden unglaublich komplex ist, »noch verworrener als der Gordische Knoten«. Das Diagramm seiner Synopse erstreckt sich über acht Druckseiten und macht dieses Dickicht deutlich.

Kepler hat nicht die Muße, alle möglichen Darstellungen des Mars aufzuführen und sie im vorhinein im Hinblick auf seinen Kampf mit den Meßwerten auszuwählen. Er geht nicht naiv an seine Daten heran, sondern immer »theoriebeladen«, indem er Interpretationshypothesen als Leitlinien benutzt. Dieses beständige Vertrauen auf Hypothesen verleiht seinem Werk seine labyrinthische Qualität. Wenn Kepler den tatsächlichen Verlauf der Marsbahn, gesehen von einer als unbeweglich gedachten Erde, beschreibt, bemerkt er scherzend, dieser sehe aus wie eine Brezel (Abb. 8.4). Ptolemäus scheint diese Bahn niemals berechnet zu haben, wohl weil er nicht in Erwägung gezogen hatte, ein Himmelskörper könnte *überhaupt* eine »Bahn« wie ein irdisches Objekt haben. Kepler bezieht sich auf einen »pathetischen« zeitgenössischen Versuch einer graphischen Darstellung von Umlaufbahnen auf der Basis der ptolemäischen Hypothesen als »großes Labyrinth mit kompliziertesten Kurven, eine reine menschliche Erfindung, die der Natur der Dinge klar abgeht«.

Kepler selbst fühlte sich unter starkem Druck, es selbst besser zu machen, indem er eine Hypothese auf der Basis physikalischer Schlußfolgerungen konstruierte. Auch wenn schon

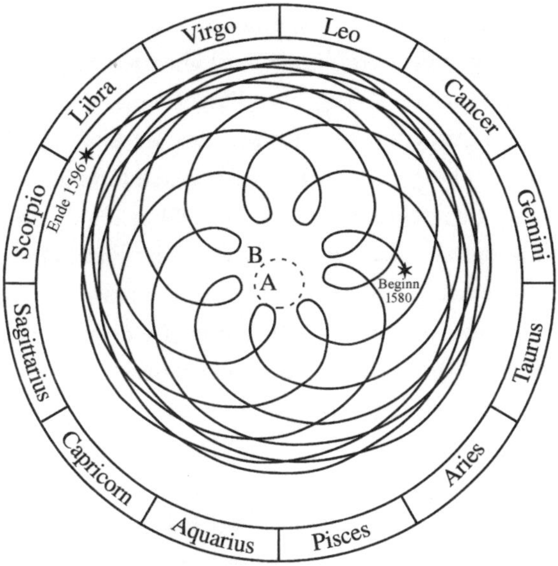

Abb. 8.4: Keplers Darstellung der scheinbaren Marsbewegung, von der Erde aus gesehen. Im Außenring die lateinischen Bezeichnungen der Tierkreiszeichen. (*Astronomia nova*, 1609).

Kopernikus das Zentrum der Umlaufbahn der Erde nahe bei, aber nicht genau in der Sonne angenommen hatte, war Kepler sicher, daß die Sonne nicht gleichsam auf einem Thron in der Mitte sitzen solle, als sei sie ein passiver Beobachter der Himmelsbewegungen. Vielmehr müsse die Sonne wie ein sichtbarer Gott nach außen wirken, um die Planeten zu bewegen. Sein zentrales physikalisches Postulat übernahm Kepler von Gilbert: Die Sonne steht im Mittelpunkt des Universums als ein Quell von Bewegungskraft (lat. *anima motrix*), so wie auch von einem Magneten unsichtbare Kräfte ausgehen. Die entscheidende Auswirkung dieses Postulats auf seine weiteren Arbeiten betonte er folgendermaßen: »Ich errichte die ganze Astronomie auf den Hypothesen von Kopernikus über das Weltall, den

Beobachtungen Tycho Brahes und schließlich auf der Wissenschaft des Engländers William Gilbert über den Magnetismus.« Er äußerte sogar den Wunsch, »Flügel zu haben, damit ich nach England fliegen und mich mit ihm darüber unterhalten kann«. Gilbert ging nur so weit, die Magnetkräfte der Erde mit ihrer täglichen Drehung um die eigene Achse gleichzusetzen, wie eine seiner *terrellae*, wenn sie sich in der Nähe eines anderen Magneten dreht. Kepler dehnt diese Vorstellung auf die Sonne aus und vermutet, »die Sonne ist ähnlich dazu ein magnetischer Körper«, der sich ebenfalls dreht.

Die sich drehende Sonne strahlt etwas ab, das Kepler *species* nannte, hier gleichbedeutend mit einer Art »Ausdünstung«. Weil diese Kraft von der Sonne bis zu den entferntesten Planeten reicht, kann sie nicht von materiellen Substanzen abhängen, deren Menge abnimmt oder sich verstreut. Kepler weist auf die Ähnlichkeit dieser *species* zum Verhalten von Licht hin. »Die verbleibende Möglichkeit ist dann, daß es sich, ebenso wie Licht, ... um eine immaterielle Spezies jenes Feuers handelt, die im Körper der Sonne enthalten ist, so daß diese Kraft, die die Planeten umhüllt, eine immaterielle *species* ist, die der Sonne selbst innewohnt, und von unschätzbarer Stärke ist, weil es sich ja dabei um den primären Agenten jeder Bewegung im Universum handelt.« Diese Hypothese ist sein roter Faden, der Kompaß des Seemanns, der ihn zur Entdeckung der elliptischen Umlaufbahnen der Planeten und den anderen Gesetzen der Planetenbewegungen führt. Auf der Basis dieser von der Sonne abgestrahlten Kraft stellt Kepler – zunächst noch an der Kreisbahn der Planeten festhaltend – die Hypothese auf, daß sich Mars auf einer speziellen Bahn (einem sogenannten »Exzenter«) bewege, deren geometrisches Zentrum sich zwar in der Nähe der Sonne befindet, das Zentrum der Drehbewegung jedoch in einem anderen Punkt, dem sogenannten Äquanten, wodurch die unterschiedlichen Bewegungsgeschwindigkeiten an verschiedenen Stellen der angenommenen Kreisbahn erklärt werden sollten. Der »Äquant« war schon Ptolemäus' besonderer Beitrag zur mathematischen Astronomie gewesen; dieses Konstrukt ließ zu, daß der geometrische Mittelpunkt einer Umlaufbahn ein anderer Punkt ist als der Mittelpunkt, um den sich ein Planet *regelmäßig* bewegt. Bereits Kopernikus hatte die Idee des Äquanten als unschönen Notbehelf abgelehnt, denn er sah damit das Postulat von der perfekt kreisförmigen Umlaufbahn verletzt, auf der seine eigene Theorie beruhte. Er verabscheute die Vorstellung, eine Umlaufbahn könne auf welche Weise auch immer *zwei* Zentren haben, ein geometrisches und eines seiner »regelmäßigen Bewegung«. Tatsächlich war Kopernikus stolz darauf, diese Monstrosität aus seiner heliozentrischen Astronomie verbannt zu haben.

Obwohl Kopernikus diese Idee von sich gewiesen hatte, verwendete Kepler zunächst noch gern das Konzept des Äquanten, denn als Konsequenz ergab sich eine geringere Geschwindigkeit der Planeten in größerer Entfernung zur Sonne. Dies wiederum entsprach seiner Hypothese zur »aktiven Kraft« der Sonne, der *species*, die mit wachsender Entfernung abnimmt. Diese »Ersatzhypothese« *(hypothesis vicaria)*, wie er sie nennt, ist in gewisser Weise, d. h. für mathematische Berechnungen, völlig korrekt; mit ihrer Hilfe gelingt es Kepler, die Mars-Umlaufbahn auf zwei Bogenminuten genau zu berechnen. Mit der Erklärung der komplexen Details der iterativen Verwendung dieser Hypothese[6] bemerkt Kepler: »Wer diese ermüdende Me-

---

[6] D. h., zur Ermittlung eines Resultats mußten die Ergebnisse einer Berechnung in zahllosen Wiederholungen erneut als Ausgangswert in die Gleichungen eingesetzt werden, wobei sich das Ergebnis einem Grenzwert näherte. (A. d. Ü.)

thode nicht mag, sollte vielmehr Mitleid mit mir empfinden, weil ich sie mindestens siebzig Mal unter großem Zeitaufwand angewendet habe.« Alles in allem habe er fünf Jahre damit zugebracht. Obwohl seine Hypothese falsch war, öffnete sie ihm doch den Zugang zur richtigen Lösung; sie war ein wichtiger Zwischenschritt auf dem Weg zu einem besseren Verständnis. Kepler liefert »einen gut gesponnenen Faden, der euch zum Ausgang führt. Selbst wenn diese Methode schwierig zu begreifen ist, ist es dennoch sehr viel schwieriger, dieses Thema zu untersuchen, wenn man überhaupt keine Methode hat.«

Kepler verwendet die Metapher des Labyrinths in einem recht wörtlichen Sinn. Sein Gebrauch der Ersatzhypothese erfolgt analog zu den Versuchen, wie man den Ausgang eines Irrgartens finden würde: Man verfolgt eine Hypothese, bis man in einer Sackgasse nicht mehr weiterkommt. Der abgespulte Ariadnefaden dokumentiert jeden Versuch und leitet den Suchenden voran. Dennoch, so Kepler, gibt der Faden nicht einfach eine Richtung an. Er muß beständig »ausgesponnen« werden, wobei er in dem Maß länger wird, wie auch die Hypothese sich verästelt. Tatsächlich ist jedoch – so die heutige Sichtweise – nicht die Bestätigung einer Hypothese, sondern ihre Widerlegung aufschlußreicher, denn ein Erfolg mag trügerisch sein, ein Scheitern hingegen ist klar. Keplers Ersatzhypothese hätte einen weniger aufmerksamen Forscher zu dem Irrglauben verleiten können, sie sei vollkommen korrekt. Obwohl die Hypothese recht präzise Vorhersagen der Marsposition ermöglichte, untersuchte und prüfte sie Kepler dennoch weiter, um herauszufinden, wo sie versagen würde.

Er erkennt, daß sie tatsächlich falsch ist, weil sie nicht die richtige Entfernung zwischen Mars und Sonne angibt. Wenn wir auf der Sonne lebten, wäre das nicht aufgefallen, denn diese Messung erfordert eine »bewegliche Plattform«, die Erde: Weil sich die Erde bewegt, können wir diese Entfernung zwischen Sonne und Mars – die zu verschiedenen Jahreszeiten unterschiedlich groß ist, was letztendlich auf die Ellipsenform der Umlaufbahn hinweist – von Messungen der Marsposition aus verschiedenen Perspektiven in der Erdumlaufbahn ableiten. Die Bewegung der Erde schmälert nicht ihre Würde[7], sondern erhöht diese Würde sogar, als sei die Bewegung das wundersame Vehikel, das die Gottheit den Menschen geschenkt hätte, um ihnen den vollständigsten Blick auf den Kosmos zu bieten.

Ein sorgfältiger Vergleich des empirischen Mittelpunkts der Mars-Umlaufbahn mit dem Punkt, den die Ersatzhypothese angab, führte Kepler zu einem Widerspruch von acht Bogenminuten zu Brahes Beobachtungen. Kepler erkannte die Bedeutung dieser Abweichung sofort, denn sie übertraf die von Brahe angegebene Genauigkeit von zwei Bogenminuten. Hier setzt er bewußt alles auf die Präzision von Brahes Arbeiten. »Diese acht Minuten allein, da sie einfach nicht ignoriert werden können, werden den Weg ebnen zu einer Reformation der gesamten Astronomie und das Material liefern für einen Großteil der vorliegenden Arbeit.« Kepler klingt triumphierend, »selbst wenn die Hypothese in Rauch aufgeht«, denn daß sie den Druck einer intensiven Prüfung nicht übersteht, überzeugt ihn, und er muß mindestens eine seiner Vorannahmen aufgeben. Nun wird Kepler klar, daß er »gezwungen ist, die Meinung der Alten zu verlassen und diese Angelegenheiten fleißiger zu untersuchen«. Er wendet sich seiner neuen Idee der Himmelsphysik zu: Die von der Sonne abgestrahlte *species* treibt Mars in unterschiedlichen Entfernungen von der Sonne verschieden

---

[7] Die antiken Astronomen hielten die Erde für das »Zentrum des Weltalls«, für den »bewegungslosen Dreh- und Angelpunkt des Universums«. Diese Art von Würde ist hier gemeint. (A. d. Ü.)

stark an. Die volle Bedeutung dieses neuen Denkansatzes wurde Kepler jedoch erst allmählich bewußt. Fast der gesamte Text der *Neuen Astronomie* war bereits geschrieben, als ihm klar wurde, daß die Umlaufbahn des Mars einfach kein Kreis sein konnte. Zu dieser Erkenntnis, eine entscheidende Abweichung von der antiken Tradition, war er – ganz passend – auf einem wahrhaft labyrinthisch verschlungenen Pfad gekommen. Kepler wird zu einem verwunderten Ausruf veranlaßt, als er sich daran erinnert, daß »es einem Astronomen wohl seltsam vorkommen muß, daß es da noch ein weiteres Hindernis gibt auf dem Weg seines Triumphes. Und ich erst! – Ich hatte doch schon seit zwei Jahren triumphiert.« Hätte er über die Umlaufbahn von Venus oder Jupiter gearbeitet, wäre ihm all das, nämlich die Exzentrizität, gar nicht aufgefallen. Er erkennt, daß es sich eher um einen Fall von göttlicher Vorsehung handelte, daß er sich mit einem Planeten mit relativ großer Abweichung von der perfekten Kreisbahn beschäftigte. Doch auch die Umlaufbahn des Mars ist immer noch annähernd so weit kreisförmig, daß erst die verbesserten Daten Brahes die Abweichung überhaupt erkennen ließen: Auch diese »große« Abweichung macht gerade einmal 0,5 Prozent von der idealen Kreisbahn aus.

Im Kampf mit der »Absurdität der Meßwerte« fällt Kepler ein merkwürdiges Modell ein: »Stellen wir uns vor, wir quetschten eine dicke Wurst in der Mitte. Dann würden wir die Füllung zu den Enden drücken, die dann zu beiden Seiten der Hand hervorquellen.« Seinen wurstförmigen Orbit nannte Kepler »oval« (also wörtlich »eiförmig«), identifizierte ihn also noch nicht gleich mathematisch als Ellipse. Sein bodenständiges Bild zeigt, wie er sich selbst behalf, wo ihn sein am kreisförmigen Modell geschultes Denken nicht mehr weiterbrachte. Als er mit Proteus ringt, verwandelt dieser sich in eine Wurst.

Gelächter aus dem Labyrinth. Seine eiförmig gequetschte Wurst erklärt, warum der Mars sich an verschiedenen Punkten seiner Umlaufbahn unterschiedlich schnell bewegt, weil diese Punkte jeweils auch unterschiedlich weit von der Sonne entfernt sind. Kepler erkennt, daß die Deformierung der ovalen Umlaufbahn kein Makel ist, sondern dadurch vielmehr die leichte Abweichung des Marsorbits genau charakterisiert und seine Theorie von unerwünschten Vorannahmen befreit wird.

Vielleicht war es hilfreich, daß auch Keplers eigener Lebensweg deutlich von dem in seiner Umgebung üblichen abwich. Zwar war er ein frommer Lutheraner, doch in seinen privaten Überlegungen zu theologischen Fragen befand er sich nicht immer in voller Übereinstimmung mit der Augsburger Konfession, der grundlegenden Bekenntnisschrift der lutherischen Kirche. Zwar hatte er Meinungsverschiedenheiten mit einigen Lutheranern und Calvinisten über das Wesen Christi und die Sakramente, doch er sah durchaus die Einheit der einander bekriegenden Kirchen als erstrebenswert an. Jahrelang wurde ihm deshalb von seinen württembergischen Glaubensgenossen das protestantische Abendmahl verwehrt. Sogar Keplers Mutter wurde als Hexe verfolgt, wenn auch nicht aus theologischen Gründen, sondern im Zuge des allgemein zu dieser Zeit grassierenden Hexenwahns. Nur Keplers energisches und erfahrenes Eingreifen vor Gericht rettete sie vor der Folter und womöglich dem Scheiterhaufen. Erstaunlicherweise gingen die Protestanten mit seinen kopernikanischen Ansichten weniger tolerant um als die römisch-katholische Kirche. Doch obwohl er sich selbst als »Rechtgläubiger« bezeichnete, lag er auch mit der katholischen Kirche im Streit. Er wurde außer Landes getrieben, weil er sich ihrer Doktrin nicht unterwerfen wollte. Vielleicht half ihm sein intensives religiöses Selbstbewußtsein, auch die Umlaufbahn des Mars mit ähnlicher Aufmerksamkeit zu verfolgen. Entscheidend sowohl für die Menschen als auch für die Planeten sind die Abweichungen von der Norm, vom Prinzip, und seien sie noch so klein – daher dürfen diese auch nicht vernachlässigt werden.

Parallel zu seiner inneren Einstellung zum christlichen Glauben spürte Kepler auch ein religiöses Bedürfnis, das Buch der Natur mit fanatischer Sorgfalt zu studieren. In beiden Fällen ist er nicht zufrieden damit, was allgemein »geglaubt wird«, denn er spürt eine neue Botschaft, die möglicherweise er als erster hören wird, und die eine Dringlichkeit aufweist wie eine göttliche Offenbarung. »Die wahre Natur der Dinge schickte sich an, dem Menschen offenbart zu werden, und zwar durch Interpreten, die Jahrhunderte voneinander getrennt sind«, die antiken Astronomen nämlich und ihn, Kepler, selbst. »Es ist mir eine Freude, die Sterblichen damit zu verspotten, daß ich die goldenen Gefäße der Ägypter stehle, um daraus ein Tabernakel für meinen Gott herzustellen, weit, weit weg von den Grenzen Ägyptens.« Hier identifiziert er sich selbst rhetorisch mit einem Israeliten auf der Flucht vor Götzendienst und Sklaverei. »Wenn man mir vergibt, werde ich mich darüber freuen. Ist man zornig auf mich, werde ich es aushalten. Schaut, ich werfe den Würfel und ich schreibe dieses Buch; es macht keinen Unterschied, ob es heute oder erst in der Zukunft gelesen wird. Soll es doch hundert Jahre auf einen Leser warten, wo Gott selbst 6000 Jahre auf den ersten Menschen gewartet hat, der sich mit ihm beschäftigt.«

Diese Euphorie führt ihn dazu, sich seinen Rätseln mit außerordentlichem Fleiß zu widmen. Auch wenn er sich über die Mühen und Rückschläge beklagt, ist seine glühende Entschlossenheit stets offensichtlich. Er versteht aber auch, daß diese leidenschaftliche Intensität seine Fähigkeit beeinträchtigen kann, die Folgen seiner Handlungen selbst kühl zu beurteilen. Unmittelbar nach der Erkenntnis der Abplattung des Mars-Orbits versucht er, deren physikalische Ursachen zu ergründen, doch später bemerkt er, daß er hierbei nicht sorgfältig genug war. »Ich war blind vor Verlangen«, gesteht er, als er sich daran macht, das verwobene Geflecht seiner Mutmaßungen und Irrtümer zu erklären. Kaum ist er dem einen Labyrinth entflohen, sieht er sich selbst »wieder in neue Labyrinthe gesteckt.« Im wesentlichen begründet er sein Scheitern mit seiner Hast. Wie Bacons hinkender Forscher unterstreicht auch Keplers Zeugnis die paradoxe Gefahr, die die Intensität des Forschens für den Verlauf des Forschungsprozesses darstellen kann. Der Forscher muß wißbegierig sein, aber auch wachsam und selbstkritisch.

Kepler gerät von einem Labyrinth in das nächste, als ob ihn sein Ariadnefaden immer weiter in die Irre leitet. Dennoch spornt ihn die Erkenntnis der wirklichen Form der Mars-Umlaufbahn als vorläufigem Höhepunkt an, sich weiter ins Unbekannte vorzuwagen. Als »Kunstgriff« nimmt er seine »Ersatzhypothese« wieder auf, die ihm nun, in ihren Einzelheiten weiter geklärt und gezähmt, immer noch nützlich ist, denn durch ihre bekannten Eigenschaften hat er nun Zugang zu anderen Informationen, die er benötigt. Auch an mehreren anderen entscheidenden Stellen seines Werks entwickelt Kepler ähnliche Hypothesen und wendet sie an, führt aber auch Fälle auf, wo nur ein scheinbarer Erfolg mit ihnen zu erzielen wäre. Mehrmals nennt er sie »Fiktionen«. Einige Male scheint er durch die Verwendung solcher Hypothesen sogar *schlechtere* Ergebnisse zu erzielen als ohne sie: So hatten anscheinend seine wiederholten Versuche, die ursprüngliche, auf eine perfekte Kreisbahn bezogene Ersatzhypothese zu verbessern, ungenauere Ergebnisse zur Folge. Er zieht seine Leser ins Vertrauen: »Wenn es mir jedoch, guter Mann, nur um die Resultate ginge, hätte ich mir all diese Arbeit sparen und mich mit meiner Ersatzhypothese zufriedengeben können. Ich möchte damit also hiermit kundtun, daß diese Irrtümer unser Weg zur Wahrheit sind.«

Diese erstaunliche Aussage erinnert uns an Bacons abwegig klingendes Bonmot »Erzähle eine Lüge und finde die Wahrheit.« Wie die ineinandergeschachtelten platonischen Körper sind auch Keplers »Lügen« keine Täuschungen oder Trugbilder, sondern Symbole für das ständige Ringen zur Ermittlung der Wahrheit. Nicht jede Hypothese ist gleich gut geeignet, um mit ihr ins Zentrum des Labyrinths zu gelangen. Keplers Ersatzhypothese liefert präzise Hilfe für Berechnungen und stellt den entscheidenden Prüfstein für das alte Modell der kreisrunden Umlaufbahnen dar. Und so proklamiert Kepler an einer Stelle bereits »einen Triumph über die Bewegungen des Mars« – doch schon im nächsten Moment passiert die Katastrophe. Denn »während der Feind bereits als Gefangener im Hause war und damit als leichte Beute eingeschätzt wurde, sprengte er alle Ketten der Gleichungen und brach aus dem Gefängnis der mathematischen Tafeln aus.« Die Entfernungen einzelner Punkte auf dem gesamten Mars-Orbit nennt Kepler »seine Spione«. Sie geben ihm entscheidende Informationen über die Wanderbewegungen des Gefangenen, und dennoch »hat dieser mein ganzes Arsenal an physischen Zwangsmitteln besiegt ..., sein Joch abgeschüttelt und sich wieder befreit«. Kepler steht kurz vor der Verzweiflung, aber er rafft sich wieder auf und ordert »sofortige Verstärkung in Form physikalischen Sachverstands für die zerschmetterten Truppen und alten Nachzügler, die sich, mit allen nötigen Informationen versehen, unverzüglich dem Entflohenen an die Fersen heften sollen«.

Kepler vergibt sich nichts dadurch, daß er die inneren Qualen offenlegt, die er erduldet haben muß. Eine seiner Berechnungen bricht er mit der Bemerkung ab: »Ich kann mir nicht vorstellen, daß auch nur ein einziger Leser durch die Mühsal dieser Rechnung nicht schon beim Lesen überwältigt wird. So möge der Leser wohl anerkennen, wie viele Qualen sie erst uns (meinem Rechengehilfen und mir) bereitet haben...« An einer anderen entscheidenden Stelle lösen sich seine physikalischen Argumente »in Rauch auf«, und Kepler denkt, all seine Mühen seien nun »vergeblich«. Doch genau an dieser Stelle gelingt es ihm, eine wichtige Verbindung zwischen zwei verschiedenen Stellen seines Werks herzustellen: Er erkennt, daß die Zahl 429 zum einen eine auffällige Differenz bei der Angabe der Abweichung der Marsbahn von der Kreisform darstellt, zum andern eine Zahl ist, an die er sich von einigen Berechnungen von Meßwerten her erinnert. »Es war, als ob ich aus dem Schlaf erwacht wäre, um ein neues Licht zu erblicken« – und wieder einmal findet Kepler seinen Glauben wiederhergestellt, und er sieht seinen weiteren Weg klar vor sich. In solchen winzigen Details findet er seine größten Ergebnisse, und er bringt sie seinen Lesern mit äußerstem Eifer nahe. Obwohl sein »Krieg gegen Mars« letztlich zu einem Triumph führt, bleibt sein edler Gefangener immer noch gottgleich. Er selbst fühlt sich »gequält,« er »schwitzt, schuftet sich ab mit seinen endlosen Berechnungen«. Aber er kann sich auch über seinen bedauernswerten Zustand lustig machen. Als ihm dämmert, daß das »Oval« tatsächlich eine Ellipse ist, rauft er sich die Haare. An einer anderen Stelle schreibt er, er forsche »fast bis in den Wahnsinn«, aber die Erleuchtung bleibe aus. Als diese schließlich kommt, ruft er: »Ich Narr!«

In Keplers selbstironischem Humor spiegelt sich eine ursprüngliche Freude an seinen Mühen wider, oder zumindest an den Ergebnissen, die sich daraus gewinnen lassen. An einer

Stelle führt er ein bestimmtes technisches Detail »aus Spaß« ein. Sein Stöhnen über die immensen Berechnungen ist auch Ausdruck eines intensiven emotionalen Engagements, als ob es eher Lust- denn Schmerzensschreie wären. Kepler macht deutlich, daß er sich nicht nur in einem Kampf sieht, sondern in einer Art erotischem Ringen, indem er ein »lebhaftes Mädchen« verfolgt, das ihm schelmisch oder boshaft (lat. *malo*) nachstellt. Er nennt sie Galatea, eine Figur, die er aus seinem Vergil kennt: »Je näher man ihr kommt, desto lockender wird ihr Spiel, und es gelingt ihr immer wieder, dem Fänger zu entkommen. Dennoch gibt sie nie auf, mich zu locken, als ob sie sich an meinem Mißerfolg ergötzt.« Kepler empfindet die nicht enden wollende Folge seiner Irrtümer und Irrwege mit ihren quälenden Verzögerungen als sich ständig steigernde Erregung, die seine Qualen letztendlich in großartige Lust verwandelt. Mit diesem unzweideutigen Bild stellt er klar, daß er bei seinem »Ergreifen« keineswegs von Vergewaltigung redet, sondern darin vielmehr die Erfüllung des verführerischen Lockens der Natur erkennt. Keplers lateinischen Text kann man auch übersetzen: »Das Mädchen lockt mich mit einem Apfel [*malo*], um meine Aufmerksamkeit auf sich zu ziehen« – dies deutet vielleicht darauf hin, die Natur habe ihm Hinweise über eine »apfelförmige« Umlaufbahn des Mars zukommen lassen wollen, die er dann jedoch zugunsten der elliptischen Umlaufbahn aufgegeben hatte.

Kepler gibt zu, daß seine langwierige Darstellung seines eigenen, verschlungenen Pfads der Erkenntnis so manchen Leser langweilen könnte, doch er vermutet auch einige Leser, die, wie er selbst, »nachdem sie die Schwierigkeiten der Wahrnehmung überwunden haben und schlagartig diese ganze Reihe von Entdeckungen vor Augen haben, ebenfalls von einem solchen Glücksgefühl durchflutet werden.« Zwar wird es immer ein unlösbares Rätsel bleiben, die innere Bedeutung einer Erfahrung eines anderen Menschen zu kennen, doch Kepler spricht in seinen Arbeiten von intensiven Wünschen, die er mit seinen Lesern zu teilen versucht und die in einem komplexen Verhältnis zu individuellen Leidenschaften stehen. Was auch immer er selbst an Freude und Kummer in seiner Ehe erlebt haben mag, in seinem Werk vermischt Kepler die althergebrachte Bildersprache für Männliches und Weibliches; das Fließende seiner Wünsche kann ebensowenig mehr auf konventionelle Geschlechtsrollen begrenzt werden, wie die Umlaufbahn des Mars den althergebrachten Vorstellungen entspricht. Tatsächlich enthält seine Behandlung der Musik der Planeten sowohl Elemente männlicher als auch weiblicher Sexualität, wenn er die Auflösungen großer und kleiner Terzen in himmlischen Akkorden interpretiert.[8] Kepler verwendet diese reichhaltige Bildersprache, um uns einen neuen Bereich der Lust zu erschließen, der vom Alten weiß, aber nicht durch jenes begrenzt wird.

Hier treffen Ratio und Leidenschaft mit einer Unmittelbarkeit aufeinander, die man religiös nennen könnte. Für Kepler war die Mathematik eine Art des Fühlens wie des Denkens. In seiner Vision zeichneten sich die Proportionen dieses alten Tempels, des Kosmos, ab, den Kepler »das leibhaftige Bildnis Gottes« nannte. Der Kampf, zu diesem mathematischen Bildnis vorzudringen, ist die Antwort auf den göttlichen Aufruf: »Mensch, strenge deinen Verstand stärker an, auf daß du diese Dinge verstehen mögest.« Dieses Verlangen dürfte nie völlig gestillt sein, denn es bleibt »das, was uns noch vollkommen

---

[8] In den *Harmonices mundi* untersucht Kepler in der Tradition des Pythagoras bestimmte Tonfolgen, die den einzelnen Planeten sowie den Kategorien »Männlich« und »Weiblich« zugeordnet werden. (A. d. Ü.)

unbekannt ist, sowie das, was wir wissen und was nur einen kleinen Teil dieses anderen ausmacht; denn viel mehr noch liegt dahinter.« Hier verließ sich Kepler auf ein Geheimnis, das sich ihm aus seiner geometrischen Vision erschloß und das ihm nicht weniger wichtig war als all seine berühmten Gesetze, aber sehr viel unbekannter ist. Plato war noch der Ansicht gewesen, daß sich alle Himmelskörper auf Kreisbahnen bewegen und daß der Sternenhimmel, den wir heute sehen, in 26 000 Jahren genauso wieder zu sehen sein wird. Doch Kepler wußte es besser. Aufgrund der mathematisch irrationalen Beziehungen der verschiedenen geometrischen Figuren »werden die Planeten niemals wieder zum gleichen Punkt zurückkehren, selbst wenn es unendliche Zeiten dauern sollte ...« Das Sternbild von heute wird niemals wiederkommen, sondern nur ein endloses Panorama immer neuer Bilder. Im endlichen Kosmos erkannte Kepler die Signatur der Unendlichkeit.

Kapitel 9

Newton am Strand

∞

Ich weiß nicht, wie die Welt mich sieht, aber ich selbst habe mich immer nur als kleinen Jungen gesehen, der am Strand spielt und sich damit vergnügt, gelegentlich einen noch glatteren Stein oder eine noch schönere Muschel zu finden als üblich, während der große Ozean der Wahrheit vollkommen unentdeckt vor mir liegt.

– Newton, an einen ungenannten Freund

Der neue Theseus war aus der Mitte des großen Labyrinths zurückgekehrt und hatte ein Kosmosmodell mitgebracht, das widerspruchsfreier war als je zuvor. »Näher zu den Göttern kann kein Sterblicher steigen«, schrieb der Astronom Edmund Halley, und der Mathematiker Pierre Simon de Laplace betrachtete Newtons *Principia* als bedeutendste Schöpfung des menschlichen Geistes. 1802 gründete der französische Visionär sogar eine »Newtonsche Religion«. Newtons eigene Einschätzung war differenzierter. Sicherlich erkannte er die Bedeutung seiner gigantischen Leistung, und doch unterscheidet sich sein Selbstbild eines am Strand spielenden Jungen auffällig von dem des triumphierenden »Weisen und Regenten des Zeitalters der Vernunft«, als der er von seinen Zeitgenossen verehrt wurde. Im Bewußtsein des großen Ozeans der Wahrheit spürte Newton die Abgründe zwischen seinem mathematischen

Ariadnefaden und dem Geheimnis, das er im Herzen des Labyrinths gesucht hatte. Wo Kepler zum Überschwang neigte, ist Newton ganz nüchtern. In seinen zur Veröffentlichung bestimmten Werken vermeidet er jedes Bild, jede Analogie oder rhetorische Figur, um damit zu überzeugen, und erreicht damit eine andere Art wohlüberlegter Kraft der Argumente. Sein Vorbild ist die antike Geometrie; er übernimmt den nüchtern-kargen Stil der Definitionen und Propositionen Euklids. Der Titel seines Hauptwerkes *Philosophiae Naturalis Principia Mathematica* (1687) betont, daß er die *mathematischen* Prinzipien der Naturphilosophie vorstellt. Unter Mathematik versteht er nicht nur die quantitativen Anwendungen (die er mit Kepler teilt), sondern auch deren geometrische Herleitung. Wo Kepler rhetorisch sein Vorwärtstasten hervorhebt, präsentiert Newton nur seine kompletten Deduktionen. Dies entspricht seiner Rolle als Begründer des Gebäudes der modernen Physik. Er ist nicht dessen erster Bewohner, sondern der Architekt. Die *Principia* begründen praktisch alle Zweige der modernen Physik, die auch heute noch auf vielen dieser Fundamente ruht. Newton greift Elemente der Differential- und Integralrechnung auf und wendet sie auf Körper an, die durch Kräfte bewegt werden. Er untersucht Körper, die sich durch Medien unterschiedlichster Art bewegen, ebenso wie Wellen von Schall und Wasser. Im Buch III und im »System der Welt« leitet er die kosmischen Konsequenzen, einschließlich der Bewegungen der Planeten und ihrer Monde sowie der Gezeiten und der Kometen ab. Zwar bezieht er sich hier noch nicht auf Optik, doch tut er dies in einem späteren Werk. Er erwähnt Fragen der Elektrizität und des Magnetismus, bedauert aber, es gebe »nicht genug Experimente, die Gesetze, die die Handlungen jenes Geistes *(spirit)* beherrschen, zu bestimmen und akkurat zu demonstrieren.« Seinem großen Plan »zur Entdeckung der

Naturkräfte aus den Phänomenen der Bewegungen« folgten später jedoch Faraday und Maxwell. Schließlich bekräftigt er, daß das gesetzmäßige Spiel der Kräfte ein Beweis für die von der Bibel behauptete Herrschaft Gottes sei.

1738 schrieb Voltaire über Newton, er habe »Wahrheiten entdeckt; doch er hat nach ihnen geforscht und sie dann in einem tiefen Abgrund versteckt, in den herabgestiegen werden muß, um sie zu bergen und ins volle Licht zu stellen.« Um Newton lesen zu können, muß man ihm in diesen Abgrund folgen. Seine *Axiome, oder Gesetze der Bewegung* gehen nicht von »Selbstverständlichkeiten« aus wie ehedem Euklid. Die berühmten Gesetze Newtons sind uns heute bloß so vertraut geworden, daß es uns schwerfällt, sie als so seltsam nachzuempfinden, wie sie es zu seiner Zeit waren. Immerhin bekommen auch heute noch Physikstudenten durchaus ein Gefühl für diese Schwierigkeit, die von Lehrbüchern gern heruntergespielt wird. Selbst das Lösen eines einfachen Problems von Seilzügen und Gewichten nach Newton erfordert eine komplette geistige Umstellung, sogar in modernen Darstellungen, die die Newtons ein wenig vereinfachen. Sichtbare Körper werden durch mathematische Punkte ersetzt; unsichtbare Kräfte stellen greifbare Seile oder Winden dar. Schließlich werden die Positionen, Geschwindigkeiten und Beschleunigungen der einzelnen Körper durch die Lösung eines Gleichungssystems angegeben. Als Antwort auf die Probleme ihrer Studenten führen die Lehrenden dann aus, daß auch heute die meisten Menschen immer noch in aristotelischen Kategorien denken, trotz Jahrhunderten postnewtonscher Physik (einschließlich späterer, noch viel kontraintuitiverer Theorien). Wie groß diese angeblichen Bildungslücken auch immer sein mögen, sicher ist, daß die Newtonsche Mechanik tatsächlich der menschlichen Intuition widerspricht. Die Physik des Aristoteles ist sehr viel leichter »einzusehen«: Körper in Bewegung kommen irgendwann zum Stillstand und bewegen sich nicht unendlich lange weiter, wie dies Newtons »Erstes Axiom« (das »Trägheitsprinzip«) impliziert. Newton reduziert die Welt auf unsichtbare Kräfte in einem abstrahierten geometrischen Kontinuum. Seinem Freund William Derham erzählte er: »Die *Principia* schrieb ich absichtlich verworren.« Die ersten Fassungen des Manuskripts für Buch III der *Principia* waren noch weniger formal in eher gewöhnlicher Sprache abgefaßt und noch nicht in ihrer endgültigen Form als strenge Lehrsätze. Newton wählte diese Form insbesondere, »um nicht das Opfer von mathematischen Kleingeistern zu werden«, wie er Derham erklärte. Nur die Leute, die sich erst einmal sorgfältig durch Newtons komplexe Exposition gearbeitet hatten, konnten überhaupt anfangen, ihn zu kritisieren. Und gegen fortgesetzte Kritik stellte er dann seine unangreifbaren Demonstrationen.

Newtons Darstellung strebte nach der alles überragenden Autorität der antiken Geometrie. Obwohl er ein Meister der modernen Algebra war, zog er doch die klassischen Methoden vor.

> Tatsächlich ist deren Methode weitaus eleganter als die von Descartes. Denn dieser erreichte sein Ergebnis durch Berechnungen, die, wenn man sie in Worte faßte (ähnlich wie es die Alten in ihren Schriften getan haben) derart mühsam zu lesen und ineinander verschachtelt wären, daß sie Übelkeit verursachten, geschweige denn verstehbar wären. Jene [Denker der Antike] jedoch schafften es mit einigen wenigen Propositionen; sie waren der Meinung, nichts in einem anderen Stil Geschriebene sei überhaupt des Lesens würdig, und verschwiegen daher den Vorgang, durch den sie zu ihren Konstruktionen gekommen waren.

Wie Viète glaubte Newton, die Alten hätten ihre Berechnungen hinter geometrischen Darstellungen verborgen, wie er selbst es später auch tat. Newton behauptete sogar, daß mit Hilfe der antiken Geometrie die Probleme gelöst werden könnten, die Descartes als unnachahmliche Triumphe der modernen Algebra ansah. Newton hielt sich selbst für den Wiederentdecker großer Wahrheiten, die den Denkern der Antike bereits bekannt gewesen seien. Wie Bacon interpretierte er heidnische und christliche Legenden im Licht seines neuen Projekts neu; er behauptete sogar, das lange gesuchte *inverse-square law* sei im Mythos der Leier des Pythagoras verborgen.[9] In seinen umfangreichen privaten Schriften kämpfte Newton unterdessen damit, den verborgenen Sinn biblischer, alchimistischer und hermetischer Texte aufzuspüren. Diese privaten, teilweise sogar geheimgehaltenen Schriften erhellen auch seine öffentlichen Projekte.

Die intensive Verschlüsselung, der Newton seine rätselhaften Schriften zur Bibel oder zu alchimistischen Texten unterzog, benutzte er auch bei seinen Versuchen, die Natur »zu lesen«. So versuchte er, Prophezeiungen der Bibel so zu interpretieren, daß er sie durch konkrete historische Ereignisse als exakt erfüllt betrachten konnte. Ähnlich zeigte er durch sein »System der Welt«, wie die Anziehungskraft, die Gravitation, und die Ausgangsbedingungen der Planeten zu überprüfbaren Vorhersagen führen. Selbst seine bahnbrechenden mathemati-

---

[9] Hintergrund: Newton versuchte, unabhängig von dem *empirisch* begründeten 3. Keplerschen Gesetz die Abhängigkeit der »Sonnenkraft« *(species)* vom Radius der Umlaufbahn r im Verhältnis $1/r^2$ (also eine umgekehrte Proportionalität zum Quadrat des Radius – englisch *inverse square) mathematisch* nachzuweisen. Er zeigt in seinen *Principia* die Gültigkeit der Formel für Kreise, aber auch für Ellipsen. (A. d. Ü.)

schen Schriften durchzieht, wie seine geheimen Schriften, eine gewisse, fast unheimliche Zurückhaltung. Newton war »der ängstlichste, vorsichtigste und mißtrauischste Mensch, den ich je kennengelernt habe«, bemerkte William Whiston, sein Nachfolger auf dem berühmten Lehrstuhl der *Lucasian professorship*. Newton erlaubte die Veröffentlichung seiner wissenschaftlichen Werke nur auf besonders eindringliches Zureden und mit langen Verzögerungen. Seine Werke sollten stets perfekt sein und gleichzeitig verborgen vor spionierenden Blicken bleiben. Diese oft zitierte Charaktereigenschaft befeuerte auch seine notorischen Dispute mit Leibniz und anderen über die Urheberschaft an Erkenntnissen, die durch eine rechtzeitige Veröffentlichung seiner Ergebnisse hätten vermieden werden können. Mehr als einmal veröffentlichte Newton entscheidende Entdeckungen verschlüsselt in Geheimschrift, eine Praxis, wie sie auch von anderen Wissenschaftlern geübt wurde, darunter der englische Naturforscher Robert Hooke (1635–1703) und Leibniz. Damit wurde nicht nur ein Schleier des Geheimnisses über die Entdeckung gezogen, sondern durch die Geheimschrift wurden auch die Leser auf die Probe gestellt, die ihren Eifer zuerst durch die Entschlüsselung des Textes beweisen mußten. Durch die Veröffentlichung seiner Entdeckung in verschlüsselter Form erhöhte der Wissenschaftler damit auch die Bedeutung des Gefundenen selbst.

Seine Beschäftigung mit esoterischen Themen umwob Newton mit noch größeren Geheimnissen. Aus alter Tradition war die Beschäftigung mit Alchimie an sich schon etwas Geheimes, und Newton folgte dieser Tradition, indem er sorgfältig die Originalquellen untersuchte und dann in der gleichen Symbolsprache eigene Kommentare hinzufügte. Er stand in Kontakt mit anderen Adepten, darunter dem englischen Naturforscher Robert Boyle, von dem er befürchtete, er könne mächtige Geheimnisse an die Unwürdigen verraten, »die der Welt nicht ohne größten Schaden mitgeteilt werden sollten, sollten die hermetischen Schriftsteller auch nur ansatzweise recht haben…« Auch Newtons Untersuchungen zur Bibelauslegung und -chronologie waren potentiell nicht weniger explosiv. In diesen verbarg Newton das Geheimnis seiner Häresie, seine felsenfeste Ablehnung der orthodoxen Vorstellung der Dreieinigkeit, die er durch hartnäckige kritische Studien früher Kommentare noch erhärtete, ebenso wie durch Untersuchungen über die mögliche Fälschung von entscheidenden Stellen in den Evangelien. Wie er genau wußte, hätten ihn diese Ansichten, wären sie an die Öffentlichkeit gelangt, für den Rest seines Lebens ruiniert und auch noch sein Lebenswerk nach seinem Tod gefährdet, und deshalb verbarg er sie viele Jahre lang als skandalträchtiges Geheimnis. Diese Schriften zeigen den intensiven Ernst, den er für die genaue Definition seiner eigenen theologischen Position aufwandte, die unterschiedlich als »Unitarian« oder »Aryan Hypothesis« bezeichnet wurde. Es war ein streng den Gesetzen des Alten Testaments, seiner Propheten und des allmächtigen Gottes verpflichteter Glaube; Jesus war für Newton nicht »als Gott-Sohn wesensgleich mit Gott, dem Vater«, wie es die kirchliche Lehrmeinung seit dem Ersten Konzil von Nicäa im Jahre 325 war und ist, sondern dessen ergebener und gehorsamer Diener.

Es gibt wichtige Verbindungen zwischen Newtons strengen religiösen Ansichten und seinem naturwissenschaftlichen Werk. Seine theologischen Studien betrieb er zeitgleich mit seiner intensivsten naturwissenschaftlichen Forschung. Tatsächlich fanden sowohl seine große, schöpferische wissenschaftliche als auch seine theologische Aktivität mit seinem Nervenzusammenbruch 1693 (ein Zeichen seines intensiven Kampfes) anscheinend ein Ende. Die Theologie war nicht bloß ein Ersatz, als er sein naturwissenschaftliches Werk nicht mehr fortsetzen konnte; im hohen Alter kehrte er zu beiden zurück, doch eher mit dem Anspruch, frühere Texte zu überarbeiten und zu korrigieren. Obwohl Newton seine häretischen Ansichten niemandem außer einigen wenigen Gleichgesinnten offenbarte, stritt er sie auch nie explizit ab. Durch sein sorgsames Schweigen und seine Freundschaft zu bedeutenden Kirchenmännern pflegte er sogar den Eindruck der Orthodoxie; er engagierte sich sogar in Gremien und Kommissionen der anglikanischen Kirche. Dennoch wurde sicherlich registriert, daß er sich immer weigerte, in den geistlichen Stand zu treten. Als er nach seinem Zusammenbruch nach London kam, brachte er die Kiste mit seinen geheimen Manuskripten mit. Er vernichtete diese potentiell für ihn gefährlichen Papiere nicht; selbst nachdem er sie noch einmal durchgearbeitet hatte, behielt er sie – ein bleibender Beweis für seine verborgenen Aktivitäten.

In der Verbindung von Physik und Religion glaubte Newton den Ariadnefaden zum Zentrum eines Geheimnisses gefunden zu haben: er glaubte, die Bedeutung selbst kleinster Textbruchstücke auf die Goldwaage legen zu müssen. So erhält zum Beispiel in Newtons Interpretation über das Jüngste Gericht in der Offenbarung des Johannes der Ausdruck »Nacht und Tag« herausragende Bedeutung. Er leitete nämlich davon die ewige Dauer der Planetenbewegungen und auch der Zeit, selbst über den Jüngsten Tag hinaus, ab. In Newtons *Regeln zur Interpretation der Welt und der Sprache der Heiligen Schrift* sind weder die Prophezeiungen noch ihre Deutungen an sich in irgendeiner Weise ekstatisch oder irrational. Zu diesen selbst auferlegten Regeln zählte er, »jeder Stelle der Bibel nur eine einzige Bedeutung zuzuschreiben, außer es handelt sich um Mutmaßungen ... Den Sinn der Wörter so weit wie möglich beizubehalten, insbesondere innerhalb einer Vision«. Sein Werk enthält mehrere symbolische Zuordnungen, indem jedes wiederkehrende Symbol der prophetischen Texte mit einer Einheit oder einer Gruppe von Menschen identifiziert wurde. Newton entschlüsselte die Texte auf seine Weise und fand sie in Übereinstimmung mit der überlieferten Geschichte. Sein umfassendes Werk ging über übliche Gemeinplätze (wie die abgedroschene, damals häufige Bezeichnung des Papstes als große »Hure Babylon«) weit hinaus und umfaßte präzise Details früherer und zukünftiger Ereignisse. Newton bestand darauf, die symbolischen Bilder genau zu lesen, anstatt sie als unverbindlichere Phantasieprodukte anzusehen.

Darüber hinaus suchte Newton auch nach einer Bestätigung der Wahrheit der prophetischen Schriften und nach ihrer verborgenen historischen Bedeutung. In seinem Vorwort empfiehlt er dieses Werk »nicht allen, die sich selbst Christen nennen, sondern nur einigen wenigen von Gott Auserwählten«. Sein Stil ist dunkel; er beschwört das unheilvolle Beispiel derer, die die Schriften der Propheten schon zur Zeit Jesu nicht verstanden und ihren Erlöser zurückwiesen. Die Prophezeiungen können uns retten, so Newton, wenn wir sie entschlüsseln, denn sie enthalten Hinweise zu Identität und Aktivitäten des Antichrist, der viele ins Verderben führen wird. Er warnt uns: »Dies ist keine eitle Spekulation, keine Angelegenheit, um gleichgültig zu bleiben, sondern eine höchst wichtige Aufgabe.« Nichts lenkt Newton von seiner herkulischen Aufgabe ab. Als er sich anschickt, das Labyrinth der prophetischen Symbole zu betreten, warnt er uns, durch diese Symbole stelle uns Gott auf die Probe und läutere uns, bestätige unsere Vorherbestimmung. Für Newton ist die rigorose Interpretation der prophetischen Schriften der Pfad zur Erlösung, indem er die Auserwählten von den Unwürdigen trennt: »Die mystischen

Schriften wurden geschrieben, um uns auf die Probe zu stellen. Deshalb hüte dich davor, als der Sache nicht gewachsen zu sein aufzufallen.« In dieser Vorstellung findet sich auch Bacons Vision eines heldenhaften Ringens um die verborgenen Geheimnisse des Göttlichen wieder. Der gleiche Geist durchzieht zugleich auch Newtons experimentelle Arbeiten zur Optik, insbesondere sein gefeiertes *experimentum crucis*, wie er es selbst nannte, das »entscheidende Experiment«. Dieses sollte seine Theorie beweisen, daß weißes Licht aus vielen verschiedenen Farben zusammengesetzt ist. Newton unterzog also das Licht einer Prüfung und wurde damit zugleich vom Licht selbst auf die Probe gestellt.

Schon recht früh (wahrscheinlich 1664 oder 1665) hatte Newton mit Prismen experimentiert und das Spektrum beobachtet, das ihn schließlich zu der radikalen Vermutung führte, alle Farben zusammengenommen ergäben weißes Licht. Doch die Theorie war noch keineswegs unanfechtbar. Konnte nicht das Prisma selbst irgendwie das Licht beeinflußt, das weiße Licht praktisch gezwungen haben, ein Spektrum zu manifestieren? Newton verbesserte sein ursprüngliches Experiment, um diese »Modifikationstheorie« einer strengen Überprüfung zu unterziehen. In der neuen Versuchsanordnung, seinem *experimentum crucis*, hatte er den Einfall, den ursprünglichen Versuchsaufbau zu duplizieren, indem er Teile des durch ein erstes Prisma gefallenen Lichts noch einmal durch ein zweites Prisma leitete (Abb. 9.1). Durch diese Veränderungen des Versuchsaufbaus wird das weiße Licht noch weiter »auf die Probe gestellt«: wenn nun tatsächlich weißes Licht durch das erste Prisma sozusagen »gewaltsam zu etwas gezwungen« wird, dann müßte das zweite Prisma diesen Effekt sogar noch verstärken. Im Gegensatz dazu zeigte Newtons Versuchsaufbau, daß zum Beispiel blaues Licht, das aus dem ersten Prisma austritt, durch das

Abb. 9.1: Newtons *Experimentum crucis* (*Optique*, 1722).

zweite Prisma nicht mehr weiter verändert wird. Es bleibt blau und bricht nicht »unter der *vexatio* des zweiten Prismas« in ein zweites Spektrum auseinander. Newton akzeptiert die Herausforderung der »Modifikationstheorie«, versucht, das Licht noch drastischer zu verändern, und führt, als all diese Versuche scheitern, den eindrucksvollen Beweis, daß die Farben tatsächlich intrinsische Bestandteile des weißen Lichts sind. So bringt sein Experiment vielmehr die wahre Natur der Farben und ihre Integrität an den Tag, eine Erkenntnis, die andernfalls im weißen Licht verborgen geblieben wäre. Newton faßt das Gesamtergebnis seiner Versuchsreihe in einen lateinischen Sinnspruch: *Nec variat lux fracta colorem* (»Gebrochenes Licht verändert seine Farbe nicht mehr.«) Dieses Urteil proklamiert die wahre Natur des Lichts, die sich im Ringen in Newtons Experiment offenbart hat.

Newtons Ausdruck *experimentum crucis* geht auf Bacon zurück. Dieser verstand darunter »Kreuzweg- oder Scheideweg-Situationen« (lat. *crux* – Kreuz), wo eine Entscheidung zwischen zwei Möglichkeiten zu treffen ist, hierzu aber die vorliegenden Informationen nicht ausreichen. Deshalb ist ein »entscheidendes Experiment« erforderlich, dessen Ausgang Klarheit bringt. Bacon erwähnt einige der Experimente Gilberts, die danach gestrebt hätten, eine solche Entscheidungssituation herbeizuführen, kritisiert aber die Experimente und macht Verbesserungsvorschläge, um sie »noch entscheidender« zu machen. Newton arbeitete von 1666 bis 1672 an seiner ursprünglichen Idee, um sie so weit zu verbessern, daß sie wirklich als »entscheidendes Experiment« bezeichnet werden konnte. Die Perfektionierung eines solchen Tests stellt selbst eine kritische Prüfung des Experimentators dar. Newtons optische Theorie wurde bei dem entscheidenden Experiment einer ebenso harten Prüfung unterzogen wie das geprüfte Licht selbst. Dieses Muster der Läuterung durch eine intelligent ausgedachte Feuerprobe ähnelt auch dem ersten Teil einer jeden alchimistischen Untersuchung, dem sogenannten *œuvre au noir*, das Newton als »grobe Arbeit« bezeichnete, die anschließend »die Materie von ihrer groben Unflat befreit & ihre Tugend stark erhöht & sie dann weiß werden läßt.«[10] Sowohl in der Alchimie als auch bei der Interpretation der prophetischen Texte besteht die Arbeitsmethode zumindest zu Beginn der Arbeit aus einer radikalen Reinigung und Läuterung. In seinen Studien zu den Büchern der Propheten zerschlägt Newton die Texte zunächst nach bestimmten Regeln in ihre Einzelteile. Dabei verlangte er jedoch von sich selbst eine Präzision der Deutung, die vergleichbar ist mit der mathematischen Exaktheit, zu der er sich in seinen naturwissenschaftlichen Schriften zwang.

---

[10] Das *œuvre au noir* war die Bezeichnung der Alchimisten für einen bestimmten ersten experimentellen Zwischenschritt bei der Suche nach dem Stein der Weisen. (A. d. Ü.)

Dieser Vergleich führt uns zu etwas, das man einen »algebraischen Ansatz zur Interpretation von prophetischen Texten« bezeichnen könnte. Textvergleich und -analyse lösen ein Symbol nach dem anderen auf, und jedes dieser Symbole weist den Weg zum nächsten. Dann werden die prophetischen Symbole anhand zusätzlicher Quellen auf ihre historische Richtigkeit überprüft. Obwohl Newton der Ansicht war, er habe die Übereinstimmung der Prophezeiungen mit dem tatsächlichen Verlauf der Geschichte ausreichend bestätigt, kannte er die Gefahren, wenn man sich auf unsichere Daten verläßt. Er kannte sicherlich das Buch *Theologiae Christianae Principia Mathematica* (»Die mathematischen Prinzipien der christlichen Theologie«, 1699) seines engen Freundes John Craig, dessen Titel Newton in seinen *Principia* aufgreift. Craig verwendete ausgefeilte algebraische Gleichungen, um die Wahrheit der christlichen Lehre zu beweisen und das in 1500 Jahren bevorstehende Ende der Welt vorherzusagen. Newton kannte auch die spöttischen Kommentare des französischen Gelehrten Nicolas Fréret über Craigs Arbeit, insbesondere über dessen Annahme, Fragen zum Weltuntergang mit derartigen mathematischen Methoden ausreichend abgehandelt zu haben. Im Vergleich zu Craig verwendete Newton eher geometrische als algebraische Methoden bei seinen Deutungen. Er bezeichnet die Sprache der Prophezeiungen als »hieroglyphisch« und vergleicht sie mit der altägyptischen Bilderschrift. Er verwendet dabei die gleiche Deutungsmethode, die der Theologe Joseph Mede zuvor bereits für seine Endzeitvisionen eingeführt hatte, insbesondere den sogenannten »Synchronismus«, für Mede ein »Leitwerkzeug« zur Deutung von prophetischen Schriften. Wie Newton schrieb, beruhe diese Methode auf der Annahme, »daß Teile der Prophezeiung sich zueinander verhalten wie die Einzelteile einer Uhr. Sie erscheinen jedes für sich unverständlich

& müssen miteinander verglichen & zusammengesetzt werden, bevor sie von Nutzen sein können, & diese Teile [hier] kann man mit Sicherheit so zusammensetzen, daß sie gut zueinander passen.« Mit anderen Worten, wenn man die Texte bloß »algebraisch« und chronologisch behandelt, entgehen einem gewisse charakteristische Eigenheiten, die nicht sequentiell, sondern synchron sind, als seien entscheidende Elemente der Prophezeiungen getrennt voneinander in verschiedenen Darstellungen untergebracht. Mede und Newton versuchten, diese getrennten Passagen wieder zusammenzufügen und die wahre Gestalt der Prophezeiung wiederherzustellen. Newton benutzte das gleiche mechanische Bild einer Uhr auch zur Beschreibung seines Planetenmodells.

In den Jahren, als er seine mathematische Theorie der Welt in einer geometrischen Form vorbereitete, war er auch damit beschäftigt, bestimmten Prophezeiungen der Bibel eine sichtbare Form zu verleihen, indem er aus diesen einen präzisen Grundriß von Salomos Tempel rekonstruierte (Abb. 9.2). Obwohl es so aussieht, als hätte der eigentliche Tempel in seinen Interpretationen keine so wichtige Rolle gespielt, stellt sein Projekt einer sehr detaillierten Rekonstruktion ein geeignetes Beispiel für seine synchrone, geometrische Methode dar. Um sein Modell zu vervollständigen, lernte Newton Hebräisch und versuchte, die verschiedenen Darstellungen der Bibel miteinander zu vereinbaren, indem er das Tabernakel Mose mit den Tempeln von Salomo und Hesekiel verglich. Hierzu führte er auch eine umfangreiche Studie zu den genauen Dimensionen der »Heiligen Elle« (einem altägyptischen und biblischen Längenmaß) durch, um die tatsächlichen Ausmaße der gesamten Struktur zu ermitteln. Nach Abschluß dieses immensen Projekts kam es Newton vor, als habe er den Tempel selbst vor Augen. Er erblickt die Geometrie des göttlichen Gebäudes im

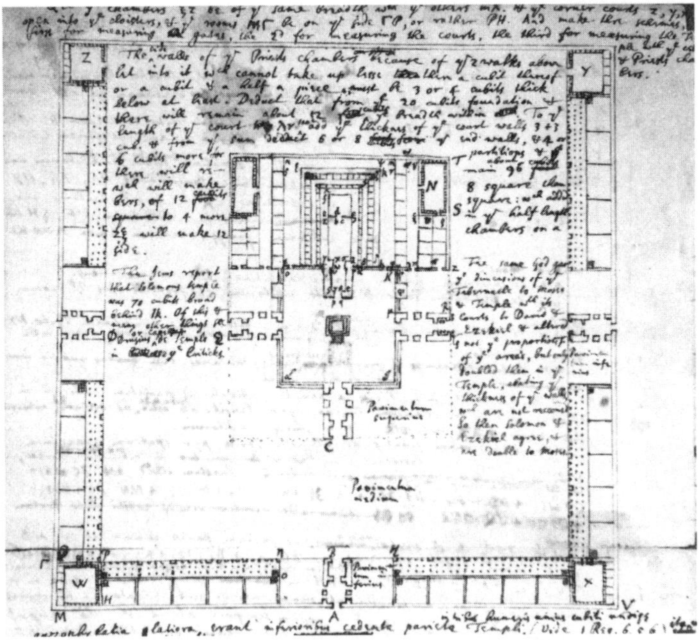

Abb. 9.2: Newtons Plan des Jerusalemer Tempels (Grace K. Babson Collection of the Works of Sir Isaac Newton, MS 434).

ganzen: »Diese Struktur empfiehlt sich von selbst durch die äußerste Schlichtheit und Harmonie der Proportionen.« Hinter dem Tempel wie dem Kosmos stehe »Gott der Herr *Pantokrator*, das ist der universelle Herrscher.« Newton betont das volle Ausmaß und die Rechtmäßigkeit der göttlichen Herrschaft, denn »geistige Oberherrschaft macht [erst] einen wahren Gott aus«. In seiner geometrischen Behandlung der Physik zeichnet sich ab, daß diese Herrschaft sich auf den gesamten Kosmos erstreckt, indem Raum und Zeit zusammengebracht werden. Obwohl Newton zu antiken Modellen zurückkehrt, betrachtet er Kurven, die über Euklids Geraden und Kreise hinausgehen. Er untersucht auch Kurven in asymptotischem

Verlauf, eine Betrachtungsweise, die in der klassischen Geometrie nur wenige Vorbilder hat.

Obwohl Newton Viètes Algebra kannte, verließ er sich auf die Geometrie, um in den *Principia* seine Betrachtungen zu Problemen der Differentialrechnung zu veranschaulichen. So verwendete er zum Beispiel geometrische Tangenten und Sehnen, um ein einfallsreiches *microscope* zu konstruieren, ein mathematisches Verfahren, das ein vergrößertes Bild der Steigung einer Kurve in einem gegebenen Punkt erzeugt. Er verwendet Kräfte, um die »aktiven Prinzipien« zu messen, die die passive Materie im Verlauf der Zeit bewegen. Er ist sich der Schwierigkeiten seiner Gedankengänge bewußt; sein *microscope* wirft einen kurzen Blick auf die »entschwindende« momentane Geschwindigkeit eines Körpers »genau in dem Moment, wenn er an einer bestimmten Stelle eintrifft«. In seine Diagramme bezieht er mehrere Linien zugleich ein, die die räumliche Bahn des Körpers, seine Geschwindigkeit und die Größenordnung der Kraft, die auf ihn wirkt, zeigen. Galilei dagegen hatte es noch sorgsam vermieden, jemals räumliche und zeitliche Größen zusammen in ein und demselben Diagramm zu zeigen, denn dies hätte seiner Meinung nach bedeutet, Raum und Zeit seien vergleichbare Größen. Newton bringt nun Raum und Zeit zusammen und verleiht dadurch dem entschwindenden Augenblick sichtbare Gestalt. Auf seine eigene Art begann er damit das Projekt der Vereinigung von Raum und Zeit, das später Einstein in einer anderen Form wieder aufnehmen sollte.

Später bezeichnete Newton seine algebraische Version der Differentialrechnung als *fluxus*. Mit dieser mathematischen Technik wollte er durch Simulieren unendlicher Reihen immer kleinerer Annäherungen die »Schnelligkeit des Wachstums« *(swiftness of growth)* einer Menge, einer Geschwindigkeit oder

Veränderungsrate beschreiben. Nun ist die Zuhilfenahme der Unendlichkeit bei mathematischen Verfahren zwar oft sehr nützlich, sie kann aber bei Problemen der gewöhnlichen Logik zu Paradoxien führen. Die Algebra muß jedoch unendliche Reihen verwenden oder sich infinitesimaler Größen bedienen, um zu einer konkreten Zahl zu kommen, einem Grenzwert, der Lösung eines Problems. Und so argumentiert Newton: »Da aber dieser Grenzwert sicher und fest ist, handelt es sich bei seiner Bestimmung tatsächlich um ein geometrisches Problem.« In den späteren Ausgaben der *Principia* ließ er seinen ursprünglichen geometrischen Ansatz unverändert und betonte damit implizit den seiner Meinung nach weiter bestehenden Vorteil gegenüber algebraischen Darstellungsweisen. Newtons geometrischer Ansatz vermeidet viele trügerische Paradoxien, die mit weniger strengen algebraischen Ansätzen einhergehen. Er weist offen auf eine sogar noch grundlegendere Beschränkung der Algebra hin: Keine ovale Kurve hat eine Fläche, die »mit Hilfe von Gleichungen mit einer endlichen Zahl von Termen und Größen gefunden werden kann.« Sein einfacher geometrischer Beweis zeigt, daß *jede* Planetenumlaufbahn eine Fläche beschreibt, die nicht durch eine endliche Folge algebraischer Terme beschrieben werden kann. In moderner Terminologie hatte Newton damit den gewaltigen Bereich der »transzendenten Zahlen« entdeckt, also Zahlen, die nicht die Lösung irgendeiner Gleichung mit einer endlichen Zahl von Termen sind. Schon früh wurde vermutet, daß es sich bei der Zahl π (Pi) um eine solche transzendente handelt (auch wenn dies erst 1882 bewiesen werden konnte). Die Überraschung war jedoch groß, als man herausfand, daß *die meisten* Zahlen transzendent sind. Newtons Beweis zeigte, daß die Algebra außerstande ist, die elementarsten Eigenschaften von Kurven anzugeben (nämlich ihre Flächen oder auch die Zeit, die ein Planet zum Durchlaufen seiner Umlaufbahn braucht, was ein ähnliches Problem darstellt), ohne auf unendliche Reihen zurückzugreifen. Geometrische Methoden hingegen erreichen dieses Ergebnis sofort, denn sie verwenden stetige Größen und bleiben nicht auf Lösungen algebraischer Gleichungen beschränkt. Und damit könne der Plan von Descartes nicht gelingen, die gesamte Physik und Mathematik auf algebraische Gleichungen zu reduzieren, außer wenn die Gleichungen unendlich viel Terme aufweisen, mit allen Problemen und Paradoxien, die mit solchen Reihen verbunden sind. Newtons geometrische Diagramme durchbrechen die labyrinthischen Komplexitäten dieser unendlichen Reihen, als präsentiere die Geometrie den Ariadnefaden schon in einem ordentlichen Knäuel, während die Algebra ihn erst noch mühsam aufspulen muß.

Newtons Erkenntnisse, wie die Geometrie die Algebra transzendiert, waren seiner Zeit weit voraus. Es handelt sich dabei um Einsichten von ähnlicher Bedeutung wie die Entdeckung irrationaler Zahlen (zum Beispiel $\sqrt{2}$) durch Pythagoras. Neben dieser tiefgründigen mathematischen Einsicht erkannte Newton in der Differentialrechnung den entscheidenden Weg, wie Bewegungen mit unsichtbaren Kräften korreliert und dadurch verständlich gemacht werden können. Um diese triumphierende Darstellung der sichtbaren Bewegungen zu erreichen, stellt Newton jedoch bewußt alle Fragen bezüglich dessen, was jenseits beobachtbarer Korrelationen liegt, zurück. Von natürlichen Phänomenen abstrahiert er die mathematische Form der Kräfte und verwendet diese dann dazu, um andere Phänomene zu erklären. In seinen Veröffentlichungen schiebt er auch stets das Problem beiseite, ausgehend von elementaren Prämissen zu erklären, *warum* diese Kräfte ausgerechnet von dieser Form sein sollten. Er richtet seine Aufmerksamkeit weg von jenen verborgenen Tiefen, obwohl er einräumt, eine spätere Generation könnte weiter vorankommen und eine noch bessere Darstellung und Erklärung finden. Dennoch gewinnt sein Projekt letztlich gerade dadurch an Kraft, daß er darauf verzichtet, eine über das Mathematische hinausgehende Erklärung anzugeben. Vielleicht ist eine solche ja auch überhaupt unmöglich.

Der verborgene Kern der Natur verbirgt sich genau in dem Moment, wo seine Gesetze enthüllt zu werden scheinen. Als Preis für die mathematische Beschreibung der Natur hatte Newton jeden Anspruch aufgeben müssen, die wahren Ursachen der Kräfte, die er ins Feld führte, zu kennen, indem er sagte: »Ich täusche keine Hypothesen vor.« Hier mag er mit »Hypothesen« *falsche*, voreilige oder falschverstandene Hypothesen gemeint haben, insbesondere Descartes' Mutmaßung, der wahre Schwerkraftmechanismus bestehe in enormen Ätherwirbeln, die die Planeten auf ihren Umlaufbahnen vorantrieben. Newton versuchte in den *Principia*, dieser populären Hypothese den Boden zu entziehen, auch wenn sich seine Beweise im nachhinein als falsch erwiesen. Dennoch notierte er: »Die Kraft entsteht durch irgendeine Ursache.« Zuvor hatte er bereits mehrere mögliche Mechanismen für die Schwerkraft vorgeschlagen, darunter einen auf der Basis eines interplanetären Mediums, dem Äther, sowie einen davon recht verschiedenen, daß nämlich die Schwerkraft direkt der Verursachung durch Gott zuzuschreiben sei. Aus verschiedenen Gründen überzeugten ihn aber all diese Hypothesen nicht, so daß er schließlich vermerkt, die endgültige Lösung habe er späteren Arbeiten überlassen; vielleicht komme er selbst noch dazu, anderenfalls müßten andere diese Aufgabe übernehmen. In den letzten Abschnitten der *Principia* bekräftigt er, daß es »genug ist, daß die Schwerkraft tatsächlich existiert und sich gemäß den von uns formulierten Gesetzen verhält und ausreichend ist, alle Bewegungen der Himmelkörper und unseres Meeres zu erklären«. Und dies war allemal »genug«, wenn es darum ging, diese Bewegungen mit großer Genauigkeit vorauszusagen. Newtons Schlußbetrachtung schob also die tiefergehenden Fragen beiseite als nebensächlich für sein eigentliches Ziel, Planetenbewegungen vorherzusagen, und dies war möglich, ohne irgendeine »wahre Ursache« zu kennen.

Indem er die Erforschung der letzten Ursachen zurückstellte, räumte Newton den mathematischen Prinzipien höchste Priorität ein. Diese Entscheidung war weitsichtig, und Einsteins Gravitationstheorie sollte sich später sogar noch weiter von solchen mechanischen Erklärungsversuchen entfernen. Trotz seiner Erfolge fühlte Newton, daß sich hinter seinen Erkenntnissen noch mehr verbarg. Seine träumerische, sogar ein wenig sehnsuchtsvolle Selbstbeschreibung als »Junge, der am Strand spielt« scheint uns einen neuen Blick auf den triumphierenden Entdecker zu offenbaren. Newton äußert tiefen Respekt vor der Natur in dem Sinn, daß seine Entdeckungen ihm selbst wie Muschelschalen aus der Tiefe des Ozeans vorkommen, doch nicht wie der große Ozean selbst. Seine Beschreibung ruft eine undefinierbares Verlangen nach den Tiefen der Ozeane hervor. Wiederholt tat Newton sein mathematisches Werk ab als »Spielereien« – auch der Junge in dem Zitat vertreibt sich die Zeit mit Spielen. So erfolgreich seine mathematischen Prinzipien waren, er mußte, um sie zu erarbeiten, das beiseite schieben, was ihn eigentlich wirklich interessierte: die tiefsten, »wirklichen« Geheimnisse, symbolisiert durch den Ozean selbst. Daß er es nicht schaffte, in diesen Ozean selbst hineinzutauchen, war keine Ignoranz, obwohl das Bild des Jungen eine Art unschuldige Gleichgültigkeit suggeriert. Newton implizierte nicht nur, er habe das Größere zugunsten des Kleineren zurückgestellt – seine Methode verlangte es geradezu von ihm, sich mit den mathematischen Muschelschalen zu befassen.

Wenn man versucht, die Kräfte zu enthüllen und zu entdecken, was sich hinter ihrer mathematischen Form verbirgt, dann wird diese Kraft, ganz gleich welche Art von Wechselwirkung man vorschlägt, um sie zu erklären – kollidierende Elementarteilchen oder Ätherwirbel – schließlich die Form einer anderen Kraft annehmen. Jeder Mechanismus zur Erklärung der Ursachen einer Kraft wird schließlich eine Aussage darüber treffen müssen, wie der Mechanismus selbst funktioniert, und dann wird über die Kräfte zu reden sein, die das Räderwerk regieren. Das Konzept »Kraft« macht die Mechanik verständlich, doch es kann sich nicht selbst hinterfragen. Angesichts dieses verstörenden Problems fragte Newton, als er nach den Ursachen fragte, nicht wirklich nach einem bestimmten Mechanismus. Statt dessen hätte er fragen können, wie Kepler es tat, ob es einen tieferen Grund dafür gibt, warum diese Kräfte die Form haben, die sie haben. In den *Principia* untersuchte Newton noch andere Gesetze als das bereits erwähnte *inverse-square law*, als ob er Gott über die Schulter geschaut hätte, als dieser zwischen mehreren möglichen Naturgesetzen auswählte. Newton bewies, daß bestimmte alternative Gesetze spiralförmige Umlaufbahnen zur Folge gehabt hätten, was vielleicht Gott davon abhielt, diese auszuwählen. Mit eindrucksvoller Vorahnung bemerkte Newton, daß eine winzige Abweichung des Perihels des Merkur (dem Punkt der geringsten Entfernung zur Sonne) von dem Wert, den ihm seine Formeln angaben, den entscheidenden Beweis dafür liefern werde, daß eine bestimmte Komponente der Anziehungskraft nicht rein umgekehrt proportional zum Quadrat des Radius der Umlaufbahn ist. Genau an diesem Punkt setzten später auch Einsteins

Überlegungen an, denn dessen reformierte Schwerkraftgesetze kamen just zu einer derartigen Abweichung im Perihel des Merkur. Newton stellte also nicht nur ein genaues Gesetz der universellen Gravitation vor, sondern sah auch die Art von Phänomenen voraus, die anzeigen würden, daß sein Gesetz verändert werden müßte.

Newtons Interesse für Alchimie deutet stark darauf hin, daß er große Hoffnung hatte, etwas zu finden, das sogar noch stärker war als die mathematischen Prinzipien der Natur. Neben den umfangreichen Texten, die er selbst zu diesem Thema schrieb, überlieferte sein Sekretär Humphrey Newton ein geradezu unheimliches Bild: In jedem Frühjahr und Herbst arbeitete Sir Isaac unablässig je sechs Wochen lang »in seinem Laboratorium; tage- und nächtelang ging nie das Feuer aus; mal durchwachte er, mal ich ganze Nächte, bis seine chemischen Experimente beendet waren. Dabei war er äußerst genau und penibel. Was dabei seine Ziele waren, war nicht aus ihm herauszubekommen, doch seine Mühen und Genauigkeiten zu solchen Zeiten erweckten in mir den Eindruck, es sei etwas jenseits der Reichweite des Menschenmöglichen gewesen.« Obwohl Humphrey von einigen modernen Wissenschaftlern als treuer, aber etwas naiver Diener betrachtet wird, der Newtons unverständliche Wünsche gedankenlos ausführte, bleibt doch die von ihm festgehaltene Szene unvergeßlich. Ironischerweise sind wir in der gleichen Verlegenheit wie Humphrey und können selbst nicht genau beurteilen, was Newton in jenen feurigen Nächten tat. So groß der Eros der Entdeckungen gewesen sein mag, den Newton während der Jahre, als er die *Principia* fertigstellte, verspürt hat, scheint doch auch seine Leidenschaft für die Alchimie nicht weniger intensiv und nicht weniger leidenschaftlich gewesen zu sein. Darüber hinaus fiel sie zeitlich mit dieser Periode intensiver mathematischer Arbeit zusammen und überdauerte sie sogar.

Ebenso wie es zu einfach wäre, Newtons Geschichte als moderne Interpretation des Mythos von Ödipus zu lesen, wäre es zu einfach, Newton als Faust zu sehen. Wenn überhaupt, wollte er seine Seele Gott verkaufen, nicht dem Teufel, um in die glühenden Tiefen des Göttlichen zu blicken. In seinem alchimistischen Werk gibt es kaum einen Hinweis auf die klassischen Ziele dieser Kunst, den Stein der Weisen oder die Vermehrung von Metallen. Wenn er auch die traditionellen Ziele der Verwandlung von Metallen, insbesondere die unedler in Gold, verfolgte, schien dies doch eher dem Zweck zu dienen, die überlieferten Texte und Formeln zu überprüfen, doch sein eigenes Ziel war wohl tatsächlich etwas »jenseits der Reichweite des Menschenmöglichen«. Humphrey mochte etwas davon erfaßt haben: Nicht Gold, auch nicht die quasi-göttlichen Hieroglyphen der Mathematik, sondern ein direkter Kontakt mit den göttlichen, potenten Kräften der Natur war Newtons eigentliches Ziel. Newtons Sprache in seinen alchimistischen Schriften bestätigt dies, denn er benutzt die lebhaften traditionellen Bilder jener Kunst mit großer Freizügigkeit. Zu diesen Bildern gehören viele erotische Symbole, Venus und Mars, verführt und in einem Netz gefangen, *in flagranti* gefaßt, in chemischen Kopulationen und Hierogamien. Mit Ausnahme seiner Freundschaft mit Fatio de Duiller war Newtons eigenes Leben ausgesprochen arm an jeglicher Erotik; er starb, ohne jemals Geschlechtsverkehr gehabt zu haben (wie er seinem Arzt auf dem Sterbebett mitteilte und es später Voltaire ganz Europa kundtat). Deshalb kann man nicht umhin, diesen geläufigen Gebrauch erotischer Metaphern festzustellen. Natürlich könnte er dies einfach aus einer Konvention heraus getan haben, indem er damals übliche Wendungen gebrauchte, ebenso wie ein heutiger Chemiker nicht von »Merkurium« oder »Nitrogenium« spricht, sondern von Quecksilber und

Stickstoff. Andererseits gibt es Passagen, wo Newton die mythische Sprache nicht konventionell nutzt, sondern um chemische Realitäten einzufangen. So bezieht er sich zum Beispiel an einer Stelle auf den Mythos von Saturn, der seine Kinder verschlingt, um sich für die nächsten Schritte eines komplizierten alchimistischen Prozesses inspirieren zu lassen.

So zurückhaltend und leidenschaftslos sein Stil in den *Principia* ist, so wenig zögert er in seinen alchimistischen Schriften, in lebendiger Sprache die explosive Atmosphäre in seinem Laboratorium zu schildern. Bei der Beschreibung der schwierigen Zubereitung des »Stern des Regulus« (in modernen Worten eine sternförmige kristalline Form des chemischen Elements Antimon) bekräftigt Newton:

> Ich weiß, wovon ich schreibe, denn ich habe hier im Feuer zahlreiche Tiegel mit Gold und dieser Form von [speziell durch Amalgamierung gewonnenem] Quecksilber. Sie [die Kristalle] wachsen in diesen Glasgefäßen in Form eines Baumes, und durch beständiges Schwenken werden diese Bäumchen wieder zu neuem Quecksilber aufgelöst. Ich habe nun ein solches Gefäß im Feuer mit aufgelöstem Gold, wo das Gold erkennbar nicht durch einen ätzenden Stoff in Atome zerlegt wurde, sondern extrinsisch und intrinsisch in ein Quecksilber, das so lebendig und flüssig ist wie jedes andere Quecksilber auf der Welt. Denn es bringt Gold dazu, zu quellen, dann zu faulen, und schließlich zu sprießen in Triebe und Äste, ändert täglich seine Farbe, deren Ansicht mich jeden Tag aufs neue fasziniert. Ich wette, das ist ein großes alchimistisches Geheimnis...

Mit eigenen Augen hält er außerordentliche Metamorphosen fest: baumartige Kristalle entstehen und lösen sich wieder auf, Quecksilber und Gold blüht und sprießt. Er ist fasziniert, gerade weil diese vielfältigen Veränderungen auf etwas wirklich *Lebendiges* hindeuten, nicht auf die tote Passivität der Materie, wie es einer mechanischen Beschreibung entsprechen würde. Ein prominenter Zweig der Alchimie behandelte die Natur als ein Lebewesen, erzeugt durch das aktivierende Handeln des Geistes und die Kopulation männlicher und weiblicher Prinzipien. Gelegentlich werden diese Prinzipien beschrieben als »durch Anziehungskräfte funktionierend« und »Magnete« genannt; diesen Ansatz nahm Newton sorgfältig zur Kenntnis. Newtons Sprache zeigt, daß er durch die Phänomene selbst tief beeindruckt war, und am meisten dadurch, sie selbst (wieder) lebendig zu machen, zu beseelen.

Es ist genau diese Bedeutung, die hinter Newtons Bild des Ozeans liegt und des Jungen, der mit toten, aber liebenswerten Dingen an seinem Strand spielt: Mit Kieseln und Muschelschalen, beides Relikte des rastlosen Lebens des Meeres. Der »Große Ozean der Wahrheit« liegt jenseits des Gesichtskreises des Jungen, und Newton richtet seinen Blick hin zur Quelle des Lebens, über die verträumte Versenkung des Jungen hinaus. Der vorletzte Abschnitt der *Principia* endet mit der Bemerkung, es sei »genug, daß die Schwerkraft wirklich existiert und sich gemäß den von uns dargestellten Gesetzen verhält und ausreichend ist, um sämtliche Bewegungen der Himmelskörper und unserers Ozeans zu erklären«. Auch hier ist »unser Ozean« das letze Ziel von Newtons Suche. In seiner Sicht reichen Schwerkraft und ihre Gesetze nicht aus, das Leben des Ozeans zu erzeugen, das über die passive Reaktion der Gezeiten auf den Mond hinausgeht. Es bleibt das faszinierende Spiel der Wellen und der endlosen Aktivität dessen, was Leibniz *vis viva* nannte, »lebendige Kraft«.

Dieses Verständis von Leben besteht sogar im Zentrum von Newtons mathematischem Werk weiter. Er bezeichnete die durch *fluxions*, einem von ihm selbst entwickelten Vorläuferverfahren der Differentialrechnung, ermittelten Zahlen und Größen als *genitum*, wörtlich »Geborenes« oder »Gezeugtes«. Er erklärt durch diesen von ihm geprägten Terminus, daß diese Quantitäten »unbestimmt und variabel, zunehmend und abnehmend sind, wie durch eine kontinuierliche Bewegung oder Fluß«. Neben den Begriff der »Quantität« stellt Newton das entscheidende Element »kontinuierliche Bewegung oder Fluß«, das zu einem endlosen Zunehmen und Abnehmen führt. Die auffällige Ähnlichkeit dieser Beschreibung mit der Bewegung des Meeres ist nicht zufällig. An einer Stelle betrachtet Newton einen »bebenden Körper«, dessen Bewegungsfrequenz und -geschwindigkeit er berechnet. Newton balanciert die Passivität der Materie mit der Aktivität der Kräfte aus, die diese bewegen, einschließlich der paradoxen Trägheit, durch die Körper aktiv für ihre Inaktivität sorgen. Sein Interesse gilt der lebenden Variable, nicht der leblosen Konstante.

Auch wenn Newtons großes mathematisches Projekt bereits einen weitreichenden Versuch enthielt, den Fluß des Lebens auf der Welt zu verstehen, implizierte sein Bild vom Ozean doch noch eine tiefere Frage danach, was lebende Dinge tatsächlich zum Leben erweckt. Die See ist größer als der Kieselstein. Es ist unbekannt, ob die »aktiven Prinzipien« und »Kopulationen«, die Newton so bewußt in seinen alchimistischen Forschungen untersuchte, ihm einen gewissen Zugang zu jener tieferen Wahrheit ermöglichten oder ob die Alchimie auch in seinen Augen letztlich nur eine Spielerei war, wie ein Spiel mit Muschelschalen. In seinen Stunden größter Leidenschaft zeigte sich ihm das Leben, um ihn an die unvergleichbare wahre Bedeutung zu erinnern, die das Leben hat – und die zu erkennen schließlich Newtons letztes Ziel war.

Kapitel 10

Einstein im Boot

∞

Du stellst Dir vor, ich schaue mit ruhiger Zufriedenheit auf mein Lebenswerk zurück. Doch aus der Nähe sieht das ganz anders aus. Da ist kein einziges Konzept, von dem ich überzeugt bin, daß es fest steht, und ich bin unsicher, ob ich überhaupt auf der richtigen Spur bin.

– Einstein an Solovine, 1949

Im Sommer 1931 nahm Albert Einstein einen Besucher mit zum Segeln bei seinem Sommerhaus in der Nähe von Potsdam. Ihre Unterhaltung »ging hin und her, von tiefgründigen Fragen über die Natur Gottes, des Universums und des Menschen bis hin zu leichteren und lebhafteren Themen ...« Plötzlich »hob Einstein den Kopf, schaute hinauf in den wolkenlosen Himmel und meinte: ›Wir wissen gar nichts über das alles. All unser Wissen ist nur das Wissen von Schulkindern.‹ ›Glauben Sie‹, fragte ich, ›daß wir das Geheimnis jemals erfahren werden?‹ ›Möglicherweise‹, antwortete er, ›werden wir ein wenig mehr wissen als heute. Doch die wahre Natur der Dinge werden wir nie erfahren, niemals.‹«

Einstein hörte nie auf, nach dem »Geheimnis« zu suchen. Trotz seines Durchbruchs bei der Gravitation widersetzte sich die Quantentheorie all seinen Anstrengungen. Es gelang ihm zwar, einzelne Aspekte des Geheimnisses zu ergründen, aber andere bleiben nach wie vor unergründlich. Mit diesem Problem, daß er nur Teile der Wahrheit erschließen konnte, andere nicht, kämpfte er sein ganzes Leben lang. Ebenso wie bei Kepler und Newton war auch sein Ringen mit Proteus leidenschaftlich und schmerzvoll zugleich. Doch obwohl Einstein Newton verehrte, hielt es ihn nicht am Strand. Er wußte, wie klein sein Boot war, doch er stach in See, um die Tiefen auszuloten.

Seine Suche begann mit einem Kompaß, der ihm in vielerlei Hinsicht den Weg wies. Er erschloß ihm »etwas hinter den Dingen [...], das tief verborgen war« in der Welt und seinen eigenen inneren Tiefen. Der Kompaß war sein erster Prüfstein. Bald fand er einen zweiten: Als er zwölf Jahre alt war, schenkte ihm sein Onkel ein kleines Buch über Euklidische Geometrie. Einstein nannte es »das heilige Geometriebüchlein«, mit einer gewissen Ironie, aber nicht ohne Ehrfurcht. Anders als andere Kinder wandte er sich angewidert ab, wenn die Militärkapelle spielte und die Soldaten vorbeimarschierten. In seinem heiligen Büchlein erkannte er die wahre Autorität. Obwohl dessen Enthüllungen mathematische Objekte betrafen, erweiterte Einstein den Geltungsbereich instinktiv auch auf »Gegenstände der sinnlichen Wahrnehmung, ›die man sehen und greifen konnte.‹« Wie bei dem Kompaß lag auch hier etwas Verborgenes hinter dem sinnlich Erfahrbaren. Etwas früher war der junge Einstein auch bereits mit den Grundbegriffen der Algebra vertraut gemacht worden. Sein Onkel Jakob erzählte ihm: »Algebra ist eine lustige Wissenschaft. Wir gehen auf die Jagd nach einem kleinen Tier, dessen Name wir nicht kennen. Deshalb nennen wir es *x*. Wenn wir es fassen, stürzen wir uns auf es und geben ihm seinen richtigen Namen.« Das verborgene Reich ist bevölkert; es gibt dort unbenannte Wesen, die man suchen und auf die man sich stürzen kann. In diesem

Blindekuhspiel erwirbt der Junge die mysteriöse Kraft, das verborgene Tier dazu zu bringen, seinen Namen zu verraten. Einstein fühlte, wieviel Spaß diese Jagd ihm machte und wie sehr er es genoß, neue Wege zu finden, das Unbekannte zu verfolgen.

Diese Anekdoten illustrieren Einsteins Weg zu seinen späteren Entdeckungen. Der Kompaß erschloß ein verborgenes Reich hinter den Dingen, Geometrie und Algebra ließen ihn dieses Reich betreten. Paradoxerweise hatte Einstein durchaus einen starken Hang zu direkten Sinneswahrnehmungen. Er empfand eher visuell, weniger verbal oder abstrakt, und er beschrieb seine Denkerfahrungen in Begriffen der körperlichen Lust. Ein aufregender Gedanke elektrisierte ihn. Obwohl Einstein es mehrmals als persönliches Versagen empfand, keine dauerhafte Beziehung zu einer Frau aufrechtzuerhalten, war ihm Eros doch nicht fremd. Dennoch sagte er genausoviel über sich selbst aus wie über Spinoza, als er über letzteren schrieb: »Das Universum war seine einzige und ewige Liebe«. Seinen engsten Freunden fiel auf, daß er sich von vielem fernhielt, seine Losgelöstheit von den üblichen menschlichen Bindungen. Er selbst bemerkte: »Ich bin ein ›einsamer Reisender‹ und habe niemals weder meinem Land, noch meinem Heim oder sogar auch meiner engeren Familie je aus vollem Herzen gehört. Auch angesichts all dieser Bindungen habe ich niemals ein Distanzgefühl und ein Bedürfnis nach Einsamkeit verloren – Gefühle, die im Laufe der Jahre zunehmen.« Seine tiefsten Wünsche drehten sich um anderes. Fasziniert von dem verborgenen Reich hinter der sichtbaren Natur kämpfte er, um physikalische Gesetze zu finden, die das Sichtbare mit dem Unsichtbaren verbinden. Die Erforschung jenes Grenzbereichs trieb ihn voran. Seine Leidenschaft war es, die sich stets verändernde Oberfläche jener Tiefen zu besegeln und zu erkunden.

Charakteristischerweise nahm Einsteins Kampf mit Proteus die Form von Gedankenexperimenten an, hybride Erfahrungen, die die physische Natur tatsächlicher Experimente in ein geistiges Ringen verwandelten. Mit sechzehn stellte er sich vor, einem Lichtstrahl hinterherzujagen, neben ihm her zu laufen und sich zu verdeutlichen, wie es aussehen würde, wenn er die Geschwindigkeit des Lichts erreichte. Das würde ihm erlauben, zu sehen, was im üblichen Sinn nicht zu sehen ist: Wenn Licht eine Welle wäre, würde es dann aufhören, hin und her zu schwingen, wenn er genauso schnell wäre wie das Licht? Für jemanden mit einem großen Verlangen dürfte es eine der größten Herausforderungen bedeuten, das Unsichtbare sichtbar zu machen. Natürlich besteht die Schwierigkeit darin, daß das Unsichtbare größere Anforderungen an die Darstellungsmethoden stellt als Sichtbares. Der Vorgang des »Sehens« müßte sich selbst transzendieren, über sich selbst hinausgehen – und an diesem Punkt kam die Mathematik ins Spiel, um den Bereich »des Sichtbaren« zu vergrößern. Wenn die eigenen Beine nicht schnell genug sind, hilft Logik. Weil Licht nie stillsteht, kann die Welle auch nicht zum Stillstand kommen, und deshalb können wir sie nie erreichen. Die Lichtgeschwindigkeit muß eine Grenze sein, die wir niemals erreichen können. In diesem Sinn entwickelte Einstein eine Hybridkonstruktion aus rationalen Elementen und Intuition, die ihn tiefer in das Geheimnis führen sollte.

Selbst bei seinem Ringen darum, das Bild zu sehen, mußte er das Denken in Bildern zugunsten der mathematischen Symbolik aufgeben. Einstein zögerte, die Visualisierung aufzugeben. Er schrieb »gemeinverständliche« Darstellungen, die sein Werk wenigstens auf der Ebene der Logik leichter zugänglich machen sollten. Wie Newton verließ auch er sich auf die Geometrie, um *zu sehen* und nicht nur, um mittels algebraischer

Symbole, und seien sie noch so wirkungsvoll, zu deduzieren. Um Einsteins Theorien zu visualisieren, entwickelte der deutsche Mathematiker Hermann Minkowski (1864–1909) Diagramme, die eine vierdimensionale Raum-Zeit aus drei räumlichen und einer zeitlichen Dimension darstellen. Zur Dar-stellung auf einem zweidimensionalen Blatt Papier werden gewöhnlich nur eine räumliche Achse und die Zeitachse gezeigt. Damit erscheint in einer solchen Darstellung einem unbeweglichen Beobachter ein sich schnell, d. h. nahezu in Lichtgeschwindigkeit bewegendes Objekt räumlich verkürzt. Das kann dargestellt werden als ein »Kippen« des sich bewegenden Objekts in die zeitliche Dimension. Natürlich können unsere Augen dies nicht so erkennen, weil die Diagramme mehr als drei Dimensionen anzeigen. Die Diagramme stellen also so etwas wie Schatten vierdimensioneller Bilder dar; sie sind keine »Bilder« in irgendeinem gewöhnlichen Sinn. Einstein schrieb, der Nicht-Mathematiker werde von einem mysteriösen Schauder ergriffen, wenn er von »vierdimensionalen« Dingen hört, einem Gefühl nicht unähnlich dem, das durch das Okkulte hervorgerufen wird. Und doch gebe es keine banalere Behauptung als die, daß die Welt, in der wir leben, ein vierdimensionales Raum-Zeit-Kontinuum ist. Für ihn war es eine »belebte« Welt, aber wir müssen hart kämpfen, um zu verstehen, was das genau bedeutet.

Trotz seiner Liebe zur Geometrie trieb seine Suche nach einer »vereinheitlichten Feldtheorie«, die die Relativitäts- und die Quantentheorie miteinander in Einklang bringen sollte, Einstein in das unsichtbare Reich der Symbole. Er war sich dieser Entwicklung wohl bewußt und führte deren Wurzeln auf seine eigene Lebensgeschichte zurück. Hier liegt eine gewisse Ironie, weil es nach seinem Verständnis gerade ein Ziel seiner Arbeit war, sich selbst »aus den Fesseln des ›Nur-Persönlichen‹

zu befreien, aus einem Dasein, das durch Wünsche, Hoffnungen und primitive Gefühle beherrscht wird«. »Als ziemlich frühreifem jungen Menschen kam mir die Nichtigkeit des Hoffens und Strebens lebhaft zum Bewußtsein, das die Menschen rastlos durchs Leben jagt. Auch sah ich bald die Grausamkeit dieses Treibens, die in jenen Jahren sorgsamer als jetzt durch Hypokrisie und glänzende Worte verdeckt war.« Er interessierte sich für das traditionelle Judentum, kam jedoch schon etwa zu der Zeit, als er die Mathematik kennenlernte, wieder davon ab: »Die Folge war eine geradezu fanatische Freigeisterei [...]. Das Mißtrauen gegen jede Art Autorität erwuchs aus diesem Erlebnis, eine skeptische Einstellung gegen die Überzeugungen, welche in der jeweiligen sozialen Umwelt lebendig waren – eine Einstellung, die mich nicht wieder verlassen hat [...].« »Da gab es draußen diese große Welt, die unabhängig von uns Menschen da ist und vor uns steht wie ein großes, ewiges Rätsel, wenigstens teilweise zugänglich unserem Schauen und Denken. Ihre Betrachtung wirkte als eine Befreiung, und ich merkte bald, daß so mancher, den ich schätzen gelernt hatte, in der hingebenden Beschäftigung mit ihr innere Freiheit und Sicherheit gefunden hatte.«

Indem er über einen dieser Männer sprach, Max Planck, verstärkte Einstein noch sein Gefühl der Bedrängnis, dem er zu entfliehen wünschte. In einer Rede zu Plancks 60. Geburtstag im Jahr 1918 stellt er sich einen »Engel Gottes« vor, der aus dem »Tempel der Wissenschaft« jeden vertreibt, der »sich mit der Wissenschaft im freudigen Gefühl seiner überlegenen Geisteskraft« beschäftigt, dem also »die Wissenschaft der ihm gemäße Sport [ist], der kraftvolles Erleben und Befriedigung des Ehrgeizes bringen soll«, sowie all jene, »die nur um utilitaristischer Ziele willen hier ihr Opfer an Hirnschmalz darbringen.« Planck sei dann einer der wenigen, die übrig blieben, »etwas sonderbare, verschlossene, einsame Kerle. [...] Was hat sie in den Tempel geführt? Die Antwort ist nicht leicht zu geben und kann auch gewiß nicht einheitlich ausfallen. Zunächst glaube ich mit Schopenhauer, daß eines der stärksten Motive, die zur Kunst und Wissenschaft hinführen, eine Flucht ist aus dem Alltagsleben mit seiner schmerzlichen Rauheit und trostlosen Öde, fort aus den Fesseln der ewig wechselnden eigenen Wünsche.« Hier schwingt ein Hauch von Verzweiflung mit, von Überdruß an der Welt und Schmerz, die das Bedürfnis nach Flucht noch verstärkten, das auch Kepler äußerte und das so ganz der Schönheit der »Welt der objektiven Wahrnehmung« entgegensteht. Einstein teilte mit Schopenhauer die Ansicht, daß die sichtbare Welt der Erscheinungen und Wünsche ein überwindbares Trugbild darstellt. Hierin liegt auch ein Unterton tiefer Traurigkeit: Doch die List der Wissenschaftler könnte scheitern, und die Welt obsiegen. Trotz allem und in Anwesenheit Plancks (»[...] aber es blieben doch noch Männer aus der Jetzt- und Vorzeit im Tempel darinnen. Zu diesen gehört Planck, und darum lieben wir ihn«) spricht Einstein weiter von dem, »was Leibniz so glücklich als ›prästabilisierte Harmonie‹ bezeichnete«: »Die Sehnsucht nach dem Schauen jener prästabilisierten Harmonie ist die Quelle der unerschöpflichen Ausdauer und Geduld, mit der wir Planck den allgemeinsten Problemen unserer Wissenschaft sich hingeben sehen, ohne sich durch dankbarere und leicher erreichbare Ziele ablenken zu lassen. Ich habe oft gehört, daß Fachgenossen dies Verhalten auf außergewöhnliche Willenskraft und Disziplin zurückführen wollten; wie ich glaube ganz mit Unrecht. Der Gefühlszustand, der zu solchen Leistungen befähigt, ist dem des Religiösen oder Verliebten ähnlich; das tägliche Streben entspringt keinem Vorsatz oder Programm, sondern einem unmittelbaren Bedürfnis.« Wie es bereits Bacon vorhergesehen hatte, wandelt sich Eros vom »Nur-Persönlichen« zur Suche nach verborgenen Harmonien.

Der Weg, den Einstein ausmacht, beginnt bei persönlichen Bedürfnissen und führt zu einer Vision jenseits des Schattens des »Nur-Persönlichen.« Ohne dieses tiefe persönliche Bedürfnis mag die Reise vom »allzu engen Kreis des wirbelnden und persönlichen Erlebens« zu den Höhen einer theoretischen Vision seltsam, entfernt und abstrakt vorkommen. Einsteins Sichtweise enthält auch ein religiöses Element. In einigen seiner Darstellungen betonte er, was er »kosmische Religiosität« nannte, in welcher »Wissenschaft nicht nur den religiösen Impuls von der Schlacke seines Anthropomorphismus befreit, sondern auch zu einer religiösen Spiritualisierung unseres Verständnisses von Leben beiträgt.« In diesen Darstellungen macht Einstein ein Fundament von religiösen Gefühlen aus, das die verschiedenen religiösen Traditionen transzendiert und konsistent ist mit der Transzendenz von Individualität oder Anthropomorphismus in all ihren Formen, insbesondere der in Form von Hingabe an die Wissenschaft. Dennoch gibt es auch eine interessante Ähnlichkeit zu der Rhetorik und Bildersprache der Bibel. Das religiöse Paradies der Kindheit ist verloren, doch ein neues Paradies tritt an seine Stelle, obwohl »der Weg zu diesem [neuen] Paradies nicht so bequem und verlockend war wie der zu dem religiösen.« Tatsächlich hat der »Engel Gottes« die unwürdigen Eingeweihten nicht aus dem Tempel gefegt, mit denen Einstein ironische und etwas unbehagliche Gefährtenschaft pflegt. Das neue Paradies bedeutet nicht einfach Versenkung in wissenschaftliche Arbeit, sondern erfordert auch eine Art religiöser Hingabe und Uneigennützigkeit der Absichten, wie man sie nur bei wenigen findet.

Das Echo von Eden ist hier unmißverständlich, sogar der Engel mit dem Flammenschwert kommt vor. Es gibt ein auserwähltes Volk, die wahren Forscher in der Gemeinschaft Plancks. Einstein spricht von den »Fesseln des ›Nur-Persönlichen‹,« von denen die Kontemplation des Rätsels wie eine Befreiung winkte. Das im »allzu engen Kreis des wirbelnden und persönlichen Erlebens« verlorene Individuum wird versklavt durch den Staat, durch dessen Versagen als Vorbild und seine »Erziehungsmaschine« (Einstein). Daß diese moderne Physik nicht in Bilder zu fassen ist, reflektiert auch die transzendente Herkunft seiner Relativitätstheorie. Einstein suchte Befreiung von dem »Nur-Persönlichen« in Form von Denken in Bildern. Planck erklärte, »daß das Suchen nach dem Absoluten mir als die schönste wissenschaftliche Aufgabe erscheint«. Im Rückblick auf die mathematische Physik von Newton und seinen Nachfolgern kann Planck eine immer weiter voranschreitende Emanzipation von den anthropomorphen Elementen durch die Elimination der Individualität des Physikers erkennen.

Die Gleichungen dieser Theorien drücken aus, was in jeder physikalischen Situation absolut und was invariant ist, und lassen das »Nur-Persönliche« beiseite. Einstein suchte nach allgemeinen Prinzipien, die spezielle Naturgesetze regulieren. So bestimmt das allgemeine Relativitätsprinzip den Charakter aller anderen physikalischen Gesetze, indem es verlangt, daß jene »von solcher Natur sein müssen, daß sie auf jedes in jeder Art von Bewegung befindliche Referenzsystem anwendbar sind«. Als das Gesetz der Gesetze entzieht es sich der Visualisierung, wenn es den höchstmöglichen Grad an Allgemeingültigkeit erlangt hat. Dort sind nur noch die gnomischen Zeichen der symbolischen Mathematik adäquat. Benannte nicht der Herr sich selbst in Form einer *Gleichung*, »Ich bin der ich bin«? Sein Name nimmt eine Form an, die menschliche Namen transzendiert, geradeso wie Algebra gewöhnliche Aussagen transzendiert. Sprach nicht der Herr: »Du sollst dir kein Bildnis machen«? Mathematische Gleichungen spiegeln die Welt, indem sie sie in symbolische Strukturen transformieren. Im Zuge der Verallgemeinerung und Vertiefung seiner Theorie suchte Einstein nach mathematischen Objekten, die sogenannte »invariante Gleichungen« bilden können. Er fand heraus, daß er sogenannte »Tensoren«, bestimmte mathematische Strukturen, benötigte, um seine Allgemeine Relativitätstheorie aufzustellen.

Tensoren hatte man zuvor bereits in der Mechanik verwendet, um Zug- und Druckbewegungen mathematisch zu beschreiben. So gibt zum Beispiel ein »Krümmungstensor« an, wie stark ein belasteter Metallstab verbogen wird. Analog kann ein Tensor auch angeben, wie stark ein Lichtstrahl beim Durchqueren eines Kristalls in verschiedenen Richtungen abgelenkt wird. Materie ist generell *gekrümmt*, und der Tensor gibt den Grad der Krümmung an. Man erinnert sich an Proteus in Menelaos' Griff, wie er sich in einer Myriade von Formen verbirgt. Einstein wandte dieses Bild auf die Raum-Zeit selbst an, als ob sie ein Kristall wäre, der durch die nahe Anwesenheit anderer Materie verzerrt würde. Er sah seinen sogenannten »metrischen Tensor« als proteische Zusammenfassung sämtlicher Krümmungen und Ablenkungen, denen ein Lichtstrahl (oder Partikelfluß) beim Durchqueren einer bestimmten Region von Raum und Zeit unterworfen ist. Mit Hilfe der Symbolkraft der Tensoren konnte Einstein eine Gleichung aufstellen, die den Einfluß der Materie auf Raum und Zeit angab. Sein Ausdruck war vollkommen allgemein, frei von »nur-persönlichen« Begrenzungen eines einzelnen Betrachters. Einstein war in der Lage, Proteus festzuhalten, selbst wenn dieser die geisterhafte Form von Raum und Zeit annahm.

Einsteins Gleichung erlaubt Vorhersagen, die über Newtons

Schwerkrafttheorie hinausgehen. Nun hatte es den Anschein, das Zentrum des Labyrinths sei fast erreicht. Einstein verbrachte die letzten vier Jahrzehnte seines Lebens ohne endgültiges Ergebnis mit der Suche nach einer einheitlichen Theorie von Gravitation und Elektromagnetismus, die zudem die Quantentheorie einschließen sollte, die sich während jener Jahre stürmisch entwickelte. Obwohl Planck die Idee des Quantums im Jahre 1900 als erster eingeführt und Einstein selbst diese Vorstellung 1905 radikal erweitert hatte, mußte diese »neue Quantenmechanik« von 1925/26 Einstein noch bei seinem Gespräch auf jenem Segelausflug 1931 beschäftigt haben; tatsächlich kämpfte er noch bis zum Ende seines Lebens mit ihr. Selbst heute erscheint vieles an der Quantenmechanik rätselhaft und geheimnisvoll. Jeder Versuch, sie bildhaft darzustellen, führt zu erheblichen Mißverständnissen. Der englische Physiker Paul Dirac schrieb: »Die neuen Theorien sind, wenn man einmal von ihrem mathematischen Aufbau absieht, auf physikalischen Konzepten aufgebaut, die nicht mit Hilfe der dem Studenten zuvor bekannten Fakten erklärt werden können; sie können sogar mit Worten überhaupt nicht adäquat beschrieben werden.«

Obwohl also jede Theorie auf einigen nicht beweisbaren Vorannahmen oder Axiomen ruht, scheint das Fundament der Quantentheorie letztlich besonders unsicher zu sein. Einstein fragte sich, ob diese Theorie wirklich eine vollkommene Darstellung dessen sei, was der Mensch über die Natur wissen könne. Am vehementesten widersprach er Heisenbergs Unschärferelation, die besagt, daß man niemals die Position und die Geschwindigkeit eines Teilchens gleichzeitig exakt bestimmen könne. Einstein witzelte: »Gott würfelt nicht« und meinte damit, daß die transzendenten Naturgesetze nichts unbestimmt und nichts dem bloßen Zufall überlassen. Die zweite Lebenshälfte widmete er dem Versuch, jenes allumfassende Naturgesetz, seine angestrebte vereinheitlichte Theorie, von der dunklen Wolke der Unbestimmbarkeit zu reinigen. Er zeigte außergewöhnliche Geduld bei seiner vierzigjährigen Wanderschaft durch das Ödland unerfüllter Erwartungen. Die meisten zeitgenössischen Physiker teilten Einsteins Bedenken zur Quantentheorie nicht. Vielleicht hätte Einstein Bacons Rat gebraucht, seine Lieblingstheorien ganz besonders genau zu untersuchen, um nicht durch seine eigenen Wünsche, durch Wunschdenken getäuscht zu werden. Und doch erreichte Einstein seine bedeutendsten Einsichten, indem er sich gerade auf seine inneren Überzeugungen über den Charakter des Gesetzes Gottes verließ. Es war sehr schwer für ihn, Niels Bohrs spöttische Kritik zu akzeptieren, der meinte: »Wer bist *du* eigentlich, daß du dem Herrgott erzählst, was er nicht tun soll?«

Einstein teilte seine innere Überzeugung mit seinem Lieblingsphilosophen Baruch Spinoza. Er bezeichnete sich selbst als Schüler Spinozas und sprach von einer Art Seelenverwandtschaft: »Obwohl er vor dreihundert Jahren lebte, ähnelte die spirituelle Situation, mit der Spinoza zurechtkommen mußte, unserer heutigen. Der Grund dafür ist, daß er absolut überzeugt war, daß alle Phänomene eine kausale Ursache hätten, und das zu einer Zeit, als der Erfolg im Zusammenhang mit den Anstrengungen zur Erkenntnis der kausalen Zusammenhänge von Naturphänomenen noch recht bescheiden war.« Beide traten für einen transformierten Monotheismus (einen sogenannten Pantheismus) ein, der die Natur mit Gott vereinen sollte. Beide waren der Ansicht, daß es keinen Zufall auf der Welt gebe. Dieses strikte Kausalitätsverständis geht bei Spinoza auf eine elementarste Ebene zurück, zu seiner Diskussion der »eigentlichen Natur« der »Substanz«, ihre Einzigartigkeit und Unendlichkeit und ihre Identität mit Gott.[11] Davon ausgehend verwendet Spinoza in seiner *Ethik* eine geometrische Darstellungsweise von Propositionen und Beweisen, um zu argumentieren, daß »nichts im Universum kontigent [ist], sondern alle Dinge existieren und in einer bestimmten Art und Weise funktionieren müssen durch die Notwendigkeit der göttlichen Natur.« Aus ähnlichen Gründen vertrat Einstein einen perfekten und vollständigen Determinismus in der Physik. Die neue Quantentheorie würde »das Ende der Physik« bedeuten, weil sie diesen Determinismus aufgibt. »Ich glaube an Spinozas Gott, der sich in der geordneten Harmonie des Existierenden offenbart, nicht an einen Gott, der sich selbst um Schicksale und Handlungen menschlicher Wesen kümmert.« Einstein verbindet das Thema des Transzendierens des »Nur-Persönlichen« mit der vollendeten Harmonie der Welt. Das Streben nach einer solchen Harmonie verlangt und gewährt zugleich Immunität vor den gefährlichen Untiefen des »nurpersönlichen« Lebens. Spinoza war ein häretischer Held, ein von seinen eigenen Leuten exkommunizierter Held. Einstein schätzte Spinozas Außenseiterposition ebenso, wie er seine eigene schätzte. Die Spannung zwischen der Abschaffung der Individualität im Angesicht der (Natur-)Gesetze und dem determinierten Schicksal jedes einzelnen Individuums bildet den Kern von Einsteins Kampf mit der Quantentheorie. Beides sind Forderungen, die Einstein als Grundelemente aller Naturgesetze sieht.

Einsteins philosophische Gedanken während der erwähn-

---

[11] Nach Spinoza ist Gott die »unendliche Substanz«; ihr kommen noch unendlich viele Einzelheiten hinzu, von denen nur das Denken und die Ausdehnung erkennbar sind. Damit sind alle endlichen Erscheinungen Daseinsweisen Gottes.

ten Segeltour spiegeln seine Überzeugung, daß die Natur vollständig determiniert ist. Dieses Prinzip abzustreiten oder einzuschränken, so Einstein, hieße nicht nur, eine Grenze des menschlichen Wissens anzuerkennen, sondern wirke sich auch aus auf unsere Überlegungen über Gott und die Natur. Er räumt jedoch ein, daß wir die innersten Geheimnisse der Dinge niemals erfahren werden. Unsere Fähigkeiten sind so begrenzt, daß es schon unglaublich scheint, daß wir überhaupt so weit gekommen sind, wie es tätsachlich der Fall ist. Das Zitat am Anfang dieses Kapitels zeigte Einstein, wie Newton, wie er die Winzigkeit des Wissens und die Größe des Zweifels anerkennt. Dennoch verlangte die Quantentheorie von Einstein nicht nur, *unsere* begrenzten Einsichten aufzugeben, sondern auch die sehr viel wichtigere Vorstellung, eine solche Perfektion könne woanders existieren, auch wenn für uns möglicherweise auf immer unerreichbar. Um es mit Einsteins charakteristischer Art zu sagen, zumindest *Gott* muß schließlich die perfekte Position und Geschwindigkeit aller Teilchen kennen, auch wenn *wir* das niemals können werden. Einstein hat die unverletzliche Perfektion der Naturgesetze selbst nie in Zweifel gestellt, so inadäquat unser Wissen auch sein möge. Für ihn hätte das ein Aufgeben der Naturphilosophie bedeutet, wie er sie verstand. Es wäre für ihn so gewesen, als verlöre sich das Labyrinth der Natur in einem endlosen Dunst ohne Zentrum. Da war es besser, zum Segeln zu gehen, als in solchen Phantastereien zu versinken.

Einstein versuchte jahrelang, ein Gedankenexperiment zu entwickeln, das diese Schwierigkeiten so auf den Punkt bringen würde, um andere zu überzeugen, seine Position zu übernehmen. In einem längeren Dialog mit Niels Bohr fand dieser immer irgendeine entscheidende Schwäche oder einen Mangel in Einsteins Beispielen. Doch auch Bohr konnte Einsteins zentralen Punkt nicht ableugnen: Die Quantentheorie sieht etwas vor, was Einstein »spukhafte Fernwirkung« nannte, bizarre Möglichkeiten, daß ein Teilchen den Zustand eines anderen, weit entfernten Teilchens »kennt«. Wie können zwei weit entfernte Teilchen in einem effektiven Kontakt miteinander stehen? Auch in den folgenden Jahren ist dieser »Spuk« nicht verflogen. Die Quantentheorie sagt Korrelationen selbst zwischen weit entfernten Teilchen voraus. In Experimenten wurden diese Voraussagen bestätigt; eine Übertragung von Informationen mit einer Geschwindigkeit größer als der des Lichts war dazu jedoch nicht notwendig. Einstein hatte vollkommen recht, daß die Quantentheorie etwas Verrücktes ist; die Natur *ist* eben tatsächlich so merkwürdig. Die Crux dieser seltsamen Phänomene ist, daß Quantenteilchen ihre individuelle Identität radikal verlieren. Sie können miteinander verschmelzen und wechselwirken. Diese vollkommene Ununterscheidbarkeit steht Einsteins Determinismus im Weg, der von der individuellen Identität und Unterscheidbarkeit eines jeden Partikels abhängt. Ironischerweise entgingen Einstein die Implikationen dieses Identitätsverlustes, obwohl er das »Nur-Persönliche« überwinden wollte. Die weitere Ironie besteht darin, daß Spinozas Vision des ultimativen Verschmelzens von Identität in der göttlichen Substanz Einstein mit diesen radikalen Richtungen der Quantentheorie hätte versöhnen können. Indem er eine individuelle Identiät vermied, entwischte Proteus am Ende Einsteins Griff.

Eine ausführlichere Diskussion dieses Problems würde ein weiteres Buch füllen. Hier sei nur der wichtige Punkt angeführt, daß die Quantentheorie auf zwei Ebenen arbeitet. Sie enthält eine tiefere Ebene, die an das altägyptische Labyrinth denken läßt, einst ein »unbeschreibliches Weltwunder«, heute längst vergessen. Es überragte die Pyramiden und war größer und älter als das Labyrinth auf Kreta. Das ägyptische Labyrinth bestand aus *zwei* Stockwerken, jedes mit über tausend Räumen. Der Zugang zur unteren Ebene war verboten, denn dort befanden sich die Gräber der Könige, dort lebten die heiligen Krokodile. Ähnlich hat auch das Labyrinth der Quantenmechanik eine äußere Ebene, bei der einzelne Elementarteilchen experimentell zugänglich, aber nicht gleichzeitig in ihrer Position und Geschwindigkeit bestimmbar sind, sowie eine innere, deterministische Ebene, die der direkten Beobachtung unzugänglich, aber mathematisch erfaßbar ist. Wie der deutsche Physiker Max Born (1882–1970) schrieb, sind die mathematischen Gesetze der Theorie vollkommen deterministisch, doch die beobachtbaren Größen selbst *nicht*: Wenn etwas, zum Beispiel ein Elementarteilchen, nicht beobachtbar ist, kann man ihm doch eine gewisse »Aufenthalts«-Wahrscheinlichkeit für einen bestimmten Ort zuschreiben, doch wenn es beobachtbar ist, dann erlaubt diese Tatsache durchaus noch keine »sichere« Aussage über das Teilchen, zum Beispiel über dessen Ort und Bewegungsgeschwindigkeit! Der Grund dafür ist, daß der Vorgang des Beobachtens das System auf eine unkontrollierte Weise beeinflußt; dadurch bleibt die innere Determiniertheit verborgen. Einstein konnte eine solche Trennung zwischen Gewißheit einer Aussage über Teilchen und Beobachtbarkeit der Teilchen selbst nicht akzeptieren. Er bestand auf dem einzigen Leitfaden durch dieses Labyrinth der Quantenphysik, den er hatte: seine Überzeugung nämlich, eine zukünftige »Vereinheitlichte Theorie« müsse vollständig und perfekt sein. Obwohl er die Bedeutung der Errungenschaften der Quantentheorie völlig anerkannte und auch sah, wie schwierig es sein würde, sie in einer neuen, rein deterministischen Theorie unterzubringen, war er niemals bereit, seine Vorstellung von der Existenz eines Zentrums des Labyrinths aufzugeben. Bis heute ist jeder Versuch,

Einsteins Pläne weiterzuführen, erfolglos geblieben, sowohl seine eigenen, unvollendet gebliebenen Anstrengungen wie auch spätere Ansätze, deterministische, sogenannte *hidden-variable*-Theorien aufzustellen. Die Mehrheit der Wissenschaftler hat sich heute mit der Quantentheorie versöhnt und verwendet sie bei der Suche einer einheitlichen Theorie der elementaren Wechselwirkungen. Die Suche nach dieser Theorie, die Newton und Einstein im Zentrum des Labyrinths vermuteten, hat sich mehr und mehr der symbolischen Mathematik zugewandt, sowohl in Form der Allgemeinen Relativitätstheorie als auch der in der Quantentheorie verwendeten »Geometrie« der unendlichen Zahl von Dimensionen.

Die Parallele zwischen der Kryptoanalyse und der Entschlüsselung der Natur bleibt weiter aufschlußreich. Im Laufe der Entwicklung der Kryptologie wurden immer raffiniertere Austausche und Transpositionen vorgenommen. Schon zu Viètes Zeiten kamen polyalphabetische Geheimschriften in Gebrauch, bei denen jeder Buchstabe des zu verschlüsselnden Textes mit einem *unterschiedlichen* Geheimschriftcode verschlüsselt wurde. Dem so verschlüsselten Text ging oft noch ein sogenannter »Schlüssel« voraus, ein Wort oder Satz, dessen Buchstaben angaben, welche der verschiedenen Codes für welchen Buchstaben der verschlüsselten Botschaft anzuwenden war. Eine solche Geheimschrift ist sehr viel resistenter gegen Entschlüsselungsversuche als die einfacheren monoalphabetischen Geheimschriften, die Viète löste. Dennoch kann auch eine polyalphabetische Geheimschrift durch bestimmte Prozeduren geknackt werden, wie es Viètes »Unfehlbare Regel« bereits andeutet, die später, 1863, von Friedrich Kasinski weiterentwickelt wurde. Damit darf aber nicht der Eindruck entstehen, mit Hilfe solcher Methoden sei letztlich *jede* Geheimschrift lösbar, denn das ist nicht der Fall. Eine tatsächlich unlösbare Geheimschrift wurde aber erst 1917 entwickelt: das *one-time pad*-System. Dabei handelt es sich um eine Geheimschrift mit einem Schlüssel aus *Zufallszahlen*, die der Absender und der Empfänger kennen. Wichtig ist, daß die Liste der Zufallszahlen mindestens ebenso lang wie die Botschaft ist und *nur einmal* verwendet wird. Bei jeder Entschlüsselung benötigt man eine ausreichende Menge verschlüsselten Text, um den Schlüssel daraus abzuleiten, doch wenn dieser Schlüssel keine Wiederholungen aufweist und ansonsten aus Zufallszahlen besteht, kann man den Code auf diese Weise nicht knacken. Trotz seiner Sicherheit wird diese Art von Code erst seit wenigen Jahren verwendet, hauptsächlich weil die Verschlüsselungsmethode recht umständlich ist. Genutzt wurde er von Spionen wie Rudolf Abel, der über ganze Listen von Zufallszahlen verfügte, die er dann jeweils nach einmaligem Gebrauch vernichtete. Auch für bestimmte andere kritische Informationsübertragungsmechanismen wie das »Rote Telefon« zwischen Washington und Moskau werden derartige Systeme verwendet.

Unterdessen vereinigte sich die Kryptoanalyse immer weiter mit der Algebra. 1917 wurden in den USA komplizierte Verschlüsselungmaschinen mit Zahnradmechanismen entwickelt, unabhängig davon in den folgenden Jahren auch in den Niederlanden, Schweden und Deutschland. Die Arbeitsweise dieser Maschinen kann mit Hilfe von algebraischen Matrixgleichungen dargestellt werden. Aus diesen Prototypen entstanden später die berühmte deutsche »Enigma« und die japanische »Purple«, die eine wichtige Rolle für den Verlauf des Zweiten Weltkriegs spielten. Trotz der enormen Kompliziertheit dieser Geheimschriften waren ihre Gleichungen lösbar, eine Tatsache von großer Bedeutung für den Kriegsausgang. Solche polyalphabetischen Geheimschriften können mit algebraischen Methoden gelöst werden, nicht jedoch das *one-time*-System.

Der entscheidende Unterschied ist, daß die algebraischen Gleichungen eines *one-time*-Systems *unlösbar* sind. Sie enthalten bedeutend mehr Unbekannte als Gleichungen, denn es gibt keinen Weg, den endlosen Strom von Zufallszahlen, die sich niemals in irgendeiner Weise wiederholen, herzuleiten. Es ist diese nackte algebraische Tatsache, die ihre Unlösbarkeit besiegelt. Im Gegensatz dazu bestand das Entschlüsseln der Geheimschriften von »Enigma« und »Magic« im Lösen von Gleichungssystemen mit weniger Unbekannten als Gleichungen. Die Verschlüsselungsmaschinen waren in ihren Möglichkeiten begrenzt und verwendeten keine Zufallszahlen.

Mit Hilfe der Quantenphysik kann man unendliche Folgen von Zufallszahlen erzeugen. Radioaktive Zerfälle oder sogenannte Josephsonkontakte ergeben Reihen von Nullen und Einsen, die ideal für Computer geeignet sind. Man geht davon aus, daß es sich bei den so gewonnenen Zahlen tatsächlich um Zufallszahlen handelt, weil man auch nach intensiven Untersuchungen keinerlei mathematische Muster in solchen Reihen finden konnte. Dies ist tatsächlich jenes »Würfeln«, das Einstein als so quälend empfand, und es stellt einen idealen Weg dar, um solche unknackbaren Einmal-Geheimschriften zu entwicklen. Ein Computer kann Zufallszahlen aus einer Quantenquelle gewinnen, zum Beispiel aus einer Apparatur, die radioaktive Zerfälle von bestimmten chemischen Elementen registriert, und sie zur Verschlüsselung der Botschaft verwenden. Die immer weiter entwickelten Techniken der neuen Formen der »Quantenkryptographie« verbinden das »Quantenwürfeln« mit dem *one-time*-System. *Die Quantentheorie ist selbst ein one-time-System*, das unkontrollierbare externe Zufälligkeit mit interner Determiniertheit koppelt. Dies bedeutet, *die Geheimschrift der Natur ist unentzifferbar, obwohl die Geheimschrift selbst nach nachvollziehbaren mathematischen*

Regeln aufgebaut ist. Das Geheimnis der Natur ist in Form von Zufälligkeit verschlüsselt, die so vollständig ist, daß nicht einmal die Natur selbst sie lösen könnte.

Die entscheidende, am weitesten reichende Erkenntnis des *one-time*-Systems liegt aber nun tatsächlich darin, daß der Schlüssel perfekt zufällig und endlos – und damit vollkommen unverständlich sein muß, *selbst für den Absender*. Dieser kann den Schlüssel zwar in Form einer Liste mit Zahlen besitzen, aber die Reihenfolge als solche nicht verstehen, denn ein Sinn ist darin nicht enthalten. Betrachten wir einmal, welche Art von Schlüsseln überhaupt verstanden werden können. Endliche Schlüssel sind ohne Zweifel zu verstehen – zum Beispiel ein Motto oder sogar Unsinn, wie in den ersten polyalphabetischen Geheimschriften. Doch jeder endliche Schlüssel kann eindeutig auch geknackt werden, denn er läßt sich schließlich auf ein begrenzbares, lösbares Gleichungssystem reduzieren. Selbst ein *unendlicher* Schlüssel ist lösbar, wenn endliche Teile sich wiederholen oder irgendeine Art von Ordnung oder Muster enthalten. Damit müßte also auch Gott unendlich viele Zufallszahlen »kennen«, um den Schlüssel zu besitzen, und eine solche Zufälligkeit ist gerade das, was Einstein so beunruhigte. Ohne so weit gehen zu wollen wie Einstein bei seiner Verteidigung des deterministischen Weltbilds, ist es offensichtlich, daß eine solche Zufälligkeit kaum vereinbar ist mit *irgendeiner* Art von Geist, geschweige denn einem göttlichen. Denn der einzige Weg, wirkliche Zufallszahlen zu erhalten, ist vollkommene Geistlosigkeit, denn jedes Fünkchen Geist würde die Zufälligkeit der Zahlen mit einem Hauch von Ordnung verunreinigen.

Kein Wunder, daß Einstein einen solchen Gedanken nicht ertragen konnte. Der Gedanke stellt die fundamentale Ordnung der Welt in Frage. Und doch: Obwohl der Zufall eine inhärente Eigenschaft der äußerlichen physikalischen Erscheinungen ist, bleibt die innere Ebene der Theorie perfekt determiniert und gesetzmäßig. Beobachtbare Eigenschaften bleiben die fruchtbare Domäne für die Untersuchung und Interpretation der Natur; das verborgene Innere der Dinge bleibt unergründlich. Schon Aristoteles spottete vor langer Zeit über Leute, die versuchten, etwas Bekanntes mit »obskuren« Begriffen aus einer fremden Welt »erklären« zu wollen. Was bleibt, ist die Herausforderung, diese weit voneinander entfernt liegenden Bereiche unserer Erfahrungen – die unserer Alltagserfahrungen und die der Quantenphysik, die sich so oft zu widersprechen scheinen – miteinander *zu verbinden*. Können wir den Siedepunkt des Wassers mit anderen meßbaren Quantitäten verbinden? Gibt es einen Zusammenhang zwischen den kleinsten beobachtbaren Bestandteilen der Materie? Solche Fragen werden wir wohl beantworten können.

Mit ihrer verborgenen Seite sichert sich die Natur jedoch dagegen, daß ihre Tiefen jemals ganz ausgelotet werden. Einstein wie auch Newton fühlten, daß sie angesichts solcher unfaßbaren Größe wie Kinder waren. Mit Kepler spürten sie, daß selbst ein kleiner Erkenntnisfortschritt sie schon in Tuchfühlung mit etwas brachte, das die Kräfte des Menschen übersteigt. Sie rangen mit Wünschen und Enttäuschungen, und sie kämpften, um den Code zu knacken. Schließlich führte ihr intensiver Kampf um die seltsame Botschaft zu einer tiefen inneren Reaktion, die Einstein bereits bei seiner ersten Begegnung mit dem Kompaß verspürt hatte. Schon der kleine Albert hatte gezittert, und es wurde ihm kalt, weil er eine innere Aufwallung verspürte, mit der sein Körper auf die Wahrnehmung des Ausschlags der Nadel reagierte. Er spürte nicht nur die Existenz rätselhafter Wunder der Natur, sondern auch einen neuen Weg, der sich ihm da plötzlich erschloß. Die Bedeutung von Wissenschaft für den Menschen liegt letztlich in der Suche nach solchen Tiefen. Die Suche nach »etwas tief hinter den Dingen Verborgenem« verspricht nicht nur seltsame und schöne Einsichten; der Versuch, über das »Rein-Menschliche« hinauszugelangen, eröffnet auch neue Perspektiven für die Erkenntnis der menschlichen Natur.

Kepler erblickte ein endloses Panorama am Himmel, Newton spürte unendliche Tiefe im Ozean der Wahrheit. Einstein schreckte vor dem Zufall zurück, der sich der Determiniertheit entzieht. Das Bild eines Labyrinths, das ein einziges, isoliertes Zentrum verbirgt, mag heute nicht mehr adäquat sein. Das Geheimnis liegt nicht mehr an einer Stelle verborgen, sondern im gesamten Bauplan, der verborgenen Signatur des Unendlichen, dessen Zentrum überall ist, und nirgends.

Anmerkungen

∞

Auftakt

Etwas hinter den Dingen Verborgenes: Siehe Einsteins Text »Autobiographisches« in Paul Arthur Schilpp (Hrsg.), *Albert Einstein als Philosoph und Naturforscher* (Stuttgart: Kohlhammer, 1951), S. 3ff. Das Detail: »Er schauderte, und es lief ihm kalt den Rücken hinunter« wurde in der von Einsteins Schwiegersohn Rudolf Kayser unter dem Pseudonym Anton Reiser geschriebenen Biographie *Albert Einstein, a Biographical Portrait* (New York: A. and C. Boni, 1930), S. 25, überliefert.

Die *sedimentation* der Bedeutung: Dieser einflußreiche Terminus wurde von Edmund Husserl in *The Crisis of European Science and Transcendental Phenomenology* (Die Krisis der europäischen Wissenschaften und die transzendentale Phänomenologie. Eine Einleitung in die phänomenologische Philosophie. Hrsg. W. Biemel. In: Edmund Husserl, Gesammelte Werke. Den Haag Bd. 6, 1954/76) eingeführt. Siehe auch Jacob Klein, *Lectures and Essays* (Annapolis: St. Johns College Press, 1985), S. 77–84, der schreibt, daß das *sediment* zwar weitgehend vergessen, aber dennoch nicht vollständig unzugänglich geworden ist und wieder reaktiviert werden kann.

Die antike Sicht der Verborgenheit der Natur: Auch Martin Heidegger stellt diesen Zusammenhang her, wenn auch in einer recht unterschiedlichen Weise. Siehe sein *Early Greek Thinking* New York: Harper and Row, 1975, S. 113ff. (dt. Vorträge und Aufsätze, Pfullingen 1954, 8. Aufl. Stuttgart 1997). In seiner Abneigung gegenüber der modernen Wissenschaft geht er aber nicht auf die Art von Zusammenhängen ein, die ich hier untersuchen möchte.

»Die Natur liebt es, sich zu verstecken«: Heraklit von Ephesos war ein früher griechischer Denker, der um 500 v. Chr. lebte. Bei dieser Stelle handelt es sich um das Diels-Kranz-Fragment B17 in *The Presocratics*, Hrsg. Philip Wheelwright (New York: Odyssey Press, 1966). »Wenn du das Unerwartete nicht erwartest«: Heraklit, Fragment B19, *Presocratics*, S. 70.

»Fürwahr, du bist ein verborgener Gott«: Jesaia 45:15. Blaise Pascal betonte die Verborgenheit Gottes, aber im Zusammenhang mit einer radikal gefallenen Natur; siehe Leszek Kolakowski, *God Owes Us Nothing* (Chicago: University of Chicago Press, 1995), S. 113–197 (hier: S. 148f.), Lucien Goldmann, *The Hidden God* (London: Routledge, 1964), S. 220–259 sowie Ioan P. Couliano, *Eros and Magic in the Renaissance* (Chicago: University of Chicago Press, 1987), S. 207f. Zu dem früheren religiösen Kontext von Wissenschaft siehe Amos Funkenstein, *Theology and the Scientific Imagination* (Princeton: Princeton University Press, 1986) sowie Roger French und Andrew Cunningham, *Before Science: The Invention of the Friar's Natural Philosophy* (Aldershot: Scotia Press, 1996), S. 70–109, 269–274. Zur Entwicklung im 17. Jahrhundert siehe Jean-Luc Marion, »The Idea of God« in *The Cambridge History of Seventeenth-Century Philosophy*, Hrsg. Daniel Garber und Michael Ayers (Cambridge: Cambridge University Press, 1998), Bd. 1, S. 265–304.

Die hermetische Tradition: Siehe Brian P. Copenhaver, *Hermetica* (Cambridge: Cambridge University Press, 1992) und Frances A. Yates, *Giordano Bruno and the Hermetic Tradition* (Chicago: University of Chicago Press, 1964). Yates' These, die moderne Wissenschaft sei aus magischem und hermetischem Denken heraus entstanden, halte ich im Ansatz für falsch, weil sie nicht den Grundcharakter der Magie (die im Ansatz traditionell und esoterisch ist) unterscheidet von dem der Wissenschaft (die mit Traditionen bricht und auf Aufklärung gerichtet ist.).

Alchimie und die »Geheimnisse der Natur« im Europa der frühen Moderne: Siehe die hervorragenden Darstellungen von Lorraine Daston und Katherine Park, *Wonders and the Order of Nature* (Cambridge: Zone Books, 1998), Pamela Smith, *The Business of Alchemy* (Princeton: Princeton University Press, 1994) sowie William Eamon, *Science and the Secrets of Nature* (Princeton: Princeton University Press, 1995).

Wechselnde Beurteilungen Bacons im Laufe der Jahrhunderte: Eine brilliante Widerlegung von Macaulays Vorwürfen findet sich in Nieves Matthews, *Francis Bacon: The Story of a Character Assassination* (New Haven: Yale University Press, 1996). Siehe auch Antonio Pérez-Ramos, »Bacon's Legacy« in *The Cambridge Companion to Bacon*, Hrsg. Markku Peltonen (Cambridge: Cambridge University Press, 1996), S. 311–334.

Das »Baconische Zeitalter«: Dieser Begriff stammt von Gernot Böhme, *Am Ende des Baconischen Zeitalters* (Frankfurt/M.: Suhrkamp, 1993).

»Themen« im naturwissenschaftlichen Denken: Eine bahnbrechende Sammlung thematischer Studien findet sich in Gerald Holton, *Thematic Origins of Scientific Thought* (Cambridge: Harvard University Press, 1988) [2. Aufl.], (teilw. deutsch als *Thematische Analyse der Wissenschaft*, Frankfurt/M.: Suhrkamp, 1981).

Geschichte aus der Sicht von Insidern und Außenseitern: Siehe Steven Shapin und Simon Schaffer, *Leviathan and the Air-Pump* (Princeton: Princeton University Press, 1985), S. 4–6. Soziale Ansätze zum Verstehen von Wissenschaft neigen oft dazu, die Realitäten der Natur zugunsten sozialer oder politischer Erklärungen zu vernachlässigen. Dabei verlieren sie dann die für den Wissenschaftler eigentlich interessanten Aspekte aus dem Blick.

KAPITEL 1

DIE ZUCHTMEISTER

William Gilbert, *De Magnete* (New York: Dover, 1991 [die Seitenangaben beziehen sich auf diese Ausgabe]; Deutsche Übersetzung des 1. Buchs aus dem Lateinischen: Als Manuskript herausgegeben von

Franz Josef Schmidt, Hamm, 1977). Duane H. D. Roller, *The De Magnete of William Gilbert* (Amsterdam: Menno Hertzberger, 1959) untersucht Gilberts historischen Hintergrund.

Chinesische Kenntnisse über den Magnetismus: Siehe Joseph Needham, *Science and Civilisation in China* (Cambridge: Cambridge University Press, 1962) Bd. IV, Teil 1, S. 229–334. Die Chinesen hatten bereits ein Verständnis für die »organische« Beziehung zwischen Magnetstein und Erde. Eine hilfreiche Auswahl griechischer und römischer Schriftsteller findet sich in *A Source Book in Greek Science*, Hrsg. M. R. Cohen und I. E. Drabkin (Cambridge: Harvard University Press, 1958), S. 310–315. Für eine allgemeine geschichtliche Darstellung des Magnetismus siehe Gerrit Verschuur, *Hidden Attraction* (New York: Oxford University Press, 1996).

Gilbert und die *terrella*: Er scheint seine Idee von Peter Peregrinus (1269) übernommen zu haben, der einen Magnetstein in die Form eines Globus schliff, diesen jedoch noch nicht *terrella* nannte. Peregrinus hatte bereits bemerkt, »daß dieser Stein in sich die Ähnlichkeit des Himmels birgt« und betrachtete die Ursache des Magnetismus eher in himmlischen als in irdischen Gründen. Eine sehr brauchbare allgemeine Auswahl von Schriften (einschließich der Peregrinus') findet sich in *A Source Book in Medieval Science*, Hrsg. Edward Grant (Cambridge: Harvard University Press, 1974), S. 367–376. Eine andere wichtige Quelle (obwohl Gilbert schreibt, sie sei »voller höchst fehlerhafter Experimente«, 11) ist Giovanni Battista della Porta, *Magia Naturalis* (1589), verfügbar als *Natural Magick*, Hrsg. Derek J. de Solla Price (New York: Basic Books, 1959), S. 190–216. Gilberts Verhältnis zu seinen Quellen beschreiben Edgar Zilsel, »The Origins of William Gilbert's Scientific Method«, in: *Journal of the History of Ideas* 2, 1–32 (1941) und Peter Dear, *Discipline and Experience* (Chicago: University of Chicago Press, 1995), S. 159–161.

Magnetische Abweichung: Hier verwendete Gilbert Material der Seefahrer Robert Norman, *The newe Attractiue* (1581) und William Borough, *A Discovrse of the Variation of the Compasse, or Magneticall Needle* (1596), enthalten in *Rara Magnetica*, Hrsg. G. Hellmann (Nendeln/Liechtenstein: Kraus Reprint, 1969), S. 83–105, 107–115. Im Einklang mit seiner Bevorzugung von Liebe gegenüber Krieg scheint Gilbert das Werk anderer Autoren aufzunehmen, ohne Dispute über Erstveröffentlichungsrechte oder Verpflichtungen zu antizipieren.

Gilbert und die kopernikanische Astronomie: Siehe Gad Freudenthal, »Theory of Matter and Cosmology in William Gilbert's *De Magnete*«, in: *Isis* 74, S. 22–37 (1983).

Gilberts Festhalten am Wert des Eisens: Ein ironischer Tadel der »vergeblichen Vorstellung der Chemiker, das Ziel der Natur sei es, alle Metalle in Gold zu verwandeln.« (S. 42). Der funkelnde Diamant glänzt nur wie die Sterne; der Magnet lenkt den Menschen sicherer als die Sterne (S. 217f.).

Zeitgenössische Metallurgie: Gilbert zititert aus der wichtigsten zeitgenössischen Quelle, Georgius Agricola, *De Re Metallica* (1556), in englischer Übersetzung von H. C. Hoover und L. Hoover verfügbar (New York: Dover, 1912). Siehe Pamela O. Long, »The Openness of Knowledge: An Ideal and Its Context in 16th-Century Writings on Mining and Metallurgy«, in: *Technology and Culture* 32, S. 318–355 (1991).

Das aus der Retorte sprechende Metall: Dieser Papyrus wird Zosimos von Panopolis (Akhmim)/Ägypten (ca. 300 v. Chr.) zugeschrieben; siehe E. J. Holmyard, *Alchemy* (New York: Dover, 1990), S. 29 und Mircea Eliade, *The Force and the Crucible* (New York: Harper & Row, 1962), S. 149–152. Bei C. G. Jung, *Alchemical Studies* (Princeton: Princeton University Press, 1970), S. 57–108, 328–333 findet sich eine Übersetzung des Papyrus ins Englische, und Jung diskutiert das »läuternde« Fegefeuer des Alchimisten.

Wissen aus der Sicht des Schöpfers (Gott): Siehe Antonio Pérez-Ramos, *Francis Bacon's Idea of Science and the Maker's Knowledge Tradition* (Oxford: Clarendon Press, 1988), S. 48–62.

Gilberts Karriere als Arzt: John Butterfield, »Dr Gilbert's magnetism«, in: *The Lancet* 338, 1576–1579 (1991).

Form und Magnetismus: Gilbert spekuliert nicht darüber, wie diese »Form« beschaffen ist; er versucht auch keine Erklärung etwa in Form von Atomen oder mikroskopischen Untereinheiten innerhalb des Magneten. Er scheint diskrete Atome zugunsten eines »kontinuierlichen und homogenen« Substrats abzulehnen.

Eros und Magnete in der antiken Bildersprache: Plinius, *Historia Naturalis* 26. 126. Lukrez bringt das erotische Verlangen von Eisen und Magnet zueinander als Leitmotiv für die magnetische Anziehung vor und erinnert an seine Anrufung von Venus. Er nennt Atome *semina* (»Samen«) und spricht wie Plinius von Magnetstein als dem männlichen und Eisen als dem rezipierenden, weiblichen Part beim Anziehungsvorgang (*On the Nature of Things*, 6.1002–1008).

Gilberts Kritik des Begriffes »Anziehung« (*attraction*): Vielleicht dachte er hier auch an das Phänomen der magnetischen Abstoßung (S. 28–31), das offensichtlich nicht mit einem übergeordneten Begriff der Anziehung in Einklang zu bringen ist.

Metallurgie und Gewalt: Für Plinius war Eisen »die tödlichste Frucht des menschlichen Erfindungsgeistes. Denn um den Menschen schneller den Tod zu bringen, haben wir dem Eisen Flügel gegeben und es das Fliegen gelehrt.« (*Historia naturalis* 34,39). Siehe Carolyn Merchant, *The Death of Nature* (San Francisco: Harper & Row, 1980), S. 29–41. Agricola vergleicht das Eisen mit dem Feuer, das Prometheus dem Menschen entgegen dem Auftrag der Götter gab. Obwohl Agricola die gesetzliche Anwendung der Folter anerkennt, spricht er Schmiede von der Verpflichtung zur Lieferung von Folterinstrumenten frei (S. 17).

Zitate von Gilbert im Text: 3 (Licht der Erfahrung); 1 (verborgene, namenlose Dinge); xlix (neuer Stil des Philosophierens); 66 (Eigenschaft der erdinneren Substanz); 179 (Mutter Erde); 179 (totes Gewicht mitten im Zentrum des Universums); 108 (Effekt des Feuers); 34 (wahres Kind der Erde; Zuchtmeister); 184 (Ausgraben des Magnetsteins aus einer Metallader; innere Teile der Erde); 108f. (kein

Eisen, sondern etwas außerhalb seiner eigentlichen Natur); 108 (fauliges Bett oder Untergrund); 98 (Braut und Ehefrau); 113 (Streben zur Vereinigung); 35 (Uterus); 59 (Zwillinge); 36 (Blut und Samen); 58 (tödliche Auswirkungen); 101 (Eisenadern als Wiege); 214 (Wiedergeburt des Magneten); 97f. (tyrannische Gewalt); 321 (haßerfüllte Tyrannei); 95 (elektrische *coition*); 119 (mächtige Kraft); 147 (gegenseitige Liebe); 109 (nicht ungeordnet und konfus).

Kapitel 2

Ringen mit Proteus

Alle Zitate Bacons beziehen sich auf Band- und Seitenangabe in *The Works of Francis Bacon*, Hrsg. James Spedding (London: Longmans and Co., 1857–1874; Nachdruck: New York: Garrett Press, 1968); die ersten sieben Bände enthalten die *Works*, die folgenden Bände *The Letters and Life of Francis Bacon*. Eine Neuausgabe wird derzeit bei Oxford University Press erarbeitet. Eine wertvolle Sammlung der auf Englisch verfassten Schriften Bacons (die wissenschaftlichen Arbeiten erschienen in lateinischer Sprache, A.d.Ü.) findet sich in *Francis Bacon*, Hrsg. Brian Vickers (Oxford: Oxford University Press, 1996) mit einer guten Einleitung (S. xv-xliv). Siehe insbesondere John C. Briggs, *Francis Bacon and the Rhetoric of Nature* (Cambridge: Harvard University Press, 1989); diesem hervorragenden Werk verdanke ich zahlreiche meiner Einsichten. Siehe auch Perez Zagorin, *Francis Bacon* (Princeton: Princeton University Press, 1998).

Für eine vollständige Bibliographie zu diesem Kapitel (insbes. zu juristischen Fragen und Bacons Vision der Wissenschaften) verweise ich auf meine Essays »Wrestling with Proteus: Francis Bacon and the ›Torture‹ of Nature«, in: *Isis* 90:1, 81–94 (1999), »Nature on the Rack: Leibniz' attitude towards Judicial Torture and the ›Torture‹ of Nature«, in: *Studia Leibnitiana* 29, S. 189–197 (1998) und »Proteus Unbound: Francis Bacon's Successors and the Defense of Experiment«, in: *Studies in Philology* 98, S. 428–456 (2001).

»Vexatio«: Der Ausdruck »*vexation of mind* [oder *spirit*]« ist geläufig; eine *vexed question* verlangt eine eingehende Untersuchung. Im Gegensatz zu den körperlichen Qualen der Folter richtet sich *vexatio* auf das Innere der Seele. Bacon erlaubte keine *double vexation* bei dem von ihm geleiteten Gericht (dem Court of Chancery), d. h. ungerechtfertigte juristische Aktionen oder Bedrängungen (7.762).

Bacon und Folter: Mathews stellt Bacons nur zögerliche Beteiligung und seine gegenüber dem König geäußerten Vorbehalte dar in *Francis Bacon*: S. 283–294. Zu Cokes Haltung siehe S. 284f. Zu König James und Hexenprozessen siehe seine *Daemonologie* (1597) (New York: Barnes and Noble, 1966).

Zu Bacons religiösen Ansichten: Siehe John Briggs' Essay »Bacon's Science and Religion« in *Cambridge Companion to Bacon*, S. 172–199. Trotz der Behauptungen späterer Chronisten, Bacon sei kein Christ gewesen, bekräftigte Bacon selbst wiederholt, Christ zu sein. Er verfaßte ein christliches Glaubensbekenntnis (7.215–226), religiöse Meditationen (7.243–254) und verschiedene Gebete (7.259–262).

Bacons Verwendung antiker Mythen: Siehe Charles W. Lemmi, *The Classic Deities in Bacon* (New York: Octagon Books, 1971), S. 91–98 (zur Proteus-Sage). Lisa Jardine, *Francis Bacon* (Cambridge: Cambridge University Press, 1974) behandelt Bacons Verwendung von Parabeln auf S. 179–193. Siehe Briggs' aufschlußreiche Erkenntnisse in *Francis Bacon*, S. 32–40 (zu Proteus), 19 (Prometheus).

Die Fesseln des Prometheus: Von den »Banden« oder »Fesseln« ist bereits in Vergils *Georgics* die Rede, auch wenn sie bei Homer fehlen – selbst in der lateinischen Übersetzung von 1537. Briggs bemerkt, daß in all diesen Darstellungen, einschließlich der Bacons, Proteus »von seinen Befragern überwältigt wird, ohne daß jedoch seine Göttlichkeit in Frage gestellt wird.« (*Francis Bacon*, S. 35). Siehe auch die hilfreiche Diskussion in Eamon, *Science and the Secrets of Nature*, S. 283–291.

Forscher formt sich nicht allein selbst (*self-fashioning*): Siehe zum Beispiel Stephen Greenblatt, *Renaissance Self-Fashioning* (Chicago:

Chicago University Press, 1983). Diejenigen, die in *self-fashioning* einen wichtigen Schlüssel zur Interpretation sehen, scheinen nicht zu erkennen, daß Bacon darauf besteht, daß der Kampf mit Proteus weit über das hinausgeht, »*what the self alone can fashion*«; die Verwandlungsformen des Gottes gehen über das hinaus, was der Forscher, der Suchende, erwarten oder sich vorstellen kann.

Bacon und die Alchimisten: Bacon glaubte, die Alchimisten überhitzten oft ihre Ansätze und empfahl mäßige Hitze. Er schrieb, natürliches Gold bildete sich dort, »wo geringe Hitze waltet« (2.449). Siehe Stanton J. Linden, »Francis Bacon and Alchemy: The Reformation of Vulcan«, in: *Journal of the History of Ideas* 35, 547–560 (auf S. 558) (1974).

Zitate im Text (von Bacon, falls nicht anders angegeben): 4.29 (Epigramm, *vexatio*); Gilbert, S. 60 (»Vergiften« von Magnetstein); 5.403–405 (Bacon über Magnetstein); 4.161f. (*genuine forms*); 4.263 (Verhöre); 11.280 (Mann des Königs); 10.114 (Folter zur Aufklärung); 7.243–246 (Überhöhung der Barmherzigkeit); 7.245 (die Tiefen Satans); Bacons *Masculine Birth of Time*, in Benjamin Farrington, *The Philosophy of Francis Bacon* (Liverpool: Liverpool University Press, 1964), S. 62 (Natur als Ehefrau); *Odyssey* 4.365–570, Bacon 6.725f. (Proteus); 4.257 (Handfesseln des Proteus); 4.47 (darin innewohnende Natur); 4.202 (zu inhuman); 4.199–200 (durch Feuer gefolterte Körper); 4.324 (Natur eher täuschen als sie bezwingen); 4.32 (zu erobernder Natur muß gehorcht werden).

Kapitel 3

Der hinkende Forscher

Weitere Literaturangaben zu den Kapiteln 3 bis 5 finden sich in meinem Aufsatz »Desire, Science, and Polity: Francis Bacon's Account of Eros«, *Interpretation* 26: 3,333–352 (1999) Meine Interpretation der Sage von Ödipus wurde inspiriert von Briggs (*Francis Bacon*, S. 13f., 174, 214), dem ich hierfür Dank schulde.

Bacon und Ungeheuer: Siehe die hervorragende Diskussion in Daston und Park, *Wonders and the Order of Nature*, S. 220–231, 260, 290–301. Auf S. 173–214 wird die emergente Bedeutung von Ungeheuern behandelt.

Bacon und die Aristotelische Wissenschaft: Siehe Michel Malherbe, »Bacon's Method of Science« und Antonio Pérez-Ramos, »Bacon's forms and maker's knowledge«, S. 75–98, 99–120 in *The Cambridge Companion to Bacon.*

»Von den Musen zur Sphinx«: Mit dieser Unterscheidung zwischen Grundlagenforschung und Technologie antwortet Bacon auf die Behauptung, Wissenschaft sei im wesentlichen identisch mit Technologie; siehe Martin Heidegger, *The Question Concerning Technology*, S. 3–36 (d. engl. Übers.). Roger Shattuck neigt ebenfalls dazu, diese Unterscheidung nicht zu machen, wenn er die Sphinx-Legende in *Forbidden Knowledge* (New York: St. Martin's Press, 1996), S. 179f., 323–324 behandelt.

Der antike Mythos von Ödipus: Siehe Lowell Edmunds, *Oedipus: The Ancient Legend and its Later Analogues* (Baltimore: Johns Hopkins University Press, 1985), S. 9–12. Siehe Sophokles: *König Ödipus*, Z. 1033, 809, 1270 und 1525. Bei Sophokles taucht das doppelte Mal der durchbohrten Füße wieder auf in der Wunde, die Laius mit einem doppelten Dorn und der, die sich Ödipus an seinen beiden Augen zufügt; siehe Alister Cameron, *The Identity of Oedipus the King* (New York: New York University Press, 1968). Möglicherweise kannte Bacon den Text von Sophokles nicht.

Frühkindliche Gebrechen von Wissenschaftlern: Siehe die Arbeit der Soziologin Anne Roe, *The Making of a Scientist* (New York: Dodd, Mead, & Co., 1952) sowie andere Untersuchungen, aufgeführt in Gerald Holton: »On the Psychology of Scientists, and Their Social Concerns«, in: *The Scientific Imagination: Case Studies* (New York: Cambridge University Press, 1978), S. 229–252.

König Jakobs Gehbehinderung: Siehe David Harris Willson, *King James VI and I* (New York: Oxford University Press, 1967), S. 16. Bacon selbst litt an einer Erkankung der Hüfte, möglicherweise Gicht; siehe Lisa Jardine und Alan Stewart, *Hostage to Fortune: The Troubled Life of Francis Bacon* (New York: Hill and Wang, 1999), S. 398.

Zu Anthony Bacon und Francis schreibt Briggs: »Das Leben des verstümmelten Helden Ödipus läßt Bacons eigene Geschichte am besten vorausahnen.« Siehe seinen biographischen Essay über Bacon, der in der neuen Ausgabe des *Dictionary of National Biography* erscheinen soll. Zu den »funktionsuntüchtigen Füßen« siehe die gegenwärtig aktuellste Auflage, 1.799b.

Nagender Zweifel: In seinem Essay »Of Friendship« bemerkt Bacon, daß diejenigen, die keine Freunde haben, »Kannibalen ihrer eigenen Herzen sind« und empfiehlt denjenigen, die mit drückenden Geheimnissen belastet sind, die »düstere, aber wahre« Parabel von Pythagoras »*Cor ne edito – Iß nicht dein Herz*« zu bedenken (6.440).

Zitate im Text (von Bacon, falls nicht anders angegeben): 6.757f. (Epigramm der Sphinx); 4.60 (Jeder Studierende der Natur); Bibel, Sprüche 25:2 (Der Ruhm Gottes); 7.245 (verführender Gott); 3.394f. (verzaubertes Glas); Sphinx 6.755–758; »Of Deformity« 6.480f.; Prometheus 6.745–753; 6.469 (Gewalt macht die Natur gewalttätiger).

Kapitel 4

Prometheus' Kinder

Mythen des Vulkanus [Hephaistos]: Siehe Timothy Gantz, *Early Greek Myth* (Baltimore: Johns Hopkins University Press, 1993), S. 74–78. Bacon besaß in seinem Landsitz eine Darstellung von Mars, der von Vulkanus mit einem Netz gefangen wird; siehe Jardine und Stewart, *Hostage to Fortune*, S. 314.

Bacons unveröffentlichte Werke: Die Zitate basieren auf der Übersetzung von Farrington, *The Philosophy of Francis Bacon*, S. 83, 109, 85, 72.

Jakob I. und Salomo: Briggs bemerkt: »Die umfangreiche Analogie zwischen Jakob und Salomo hätte ein anspruchsvolles Vorbild sein können für einen gelehrten König, der sich gerne den Freuden hingab, und zwar sowohl in Bezug auf sein religiöses Ansehen als seinem Beharren auf dem göttlichen Recht von Königen.« (*Francis Bacon*, S. 40).

Geschlechtsrollen-(Gender)-Fragen: Siehe Merchant, *The Death of Nature*, S. 164–191, Evelyn Fox Keller, *Reflections on Gender and Science* (New Haven: Yale University Press, 1985), S. 33–42, und David F. Noble, *A World Without Women* (New York: Knopf, 1993). Kritisiert werden diese Interpretationen von Alan Soble, »In Defense of Bacon« in *A House Built on Sand*, Hrsg. Noretta Koertge (New York: Oxford University Press, 1998), S. 195–215, und Iddo Landau, »Feminist Criticism of Metaphors in Bacon's Philosophy of Science«, in: *Philosophy* 73, 47–61 (1998) sowie in meinem eigenen Text »Wrestling with Proteus.« Zu Bacons Gefühlsleben siehe Mathews, *Francis Bacon*, S. 304–319 sowie Jardine und Stewart, *Hostage to Fortune*, S. 163, 437, 464–466.

Orpheus und der Charakter der Wissenschaft: Meine Ausführungen verdanke ich Briggs, *Francis Bacon*, S. 1f., 21, 134–136, 146, 176.

Zitate im Text (von Bacon, falls nicht anders angegeben): Goethe, *Prometheus* (Hier meine Welt); *Ilias* 1.599, 1.591–593, 18.396f. (Hephaistos; s. ebenf. Hesiod, *Theogonia* 927–929 und Pindar, *Olympian Odes* 7.35–37); *Ilias* 18.418–420; *Ilias* 18.376f. (Automaten); 6.745 (Prometheus); 6.376f. (Erichthonius); 6.752f. (Prometheus' Angriff auf Minerva); 6.743f. (Atalanta); 5.463 (Cupido); 6.740–743 (Dionysos); 6.751 (Schule des Prometheus); 3.262, 6.764 (Salomo); 6.762–764 (Sirenen); 6,720–722 (Orpheus).

KAPITEL 5

NEUER EROS, NEUES ATLANTIS

Bacons *New Atlantis*: Zur Einführung empfohlen seien Vickers, *Francis Bacon*, S. 785–790, Briggs, *Francis Bacon*, S. 169–174 und »Bacon's Science and Religion« in *Cambridge Companion to Bacon*,

S. 192–197; für weitere Literaturangaben siehe meine Veröffentlichung »Science, Desire, and Polity.«

Utopien und Eros: Fragen der Eugenik werden von utopischen Werken häufig behandelt; siehe zum Beispiel Platos *Laws* [griech. *Nomoi*] 772a und Tommaso Campanellas *City of the Sun* [ital./lat. *La città del Sole*] (ca. 1602), zusammen mit Thomas Moores *Utopia* abgedruckt in Henry Morley, *Ideal Commonwealths* (Port Washington, NY: Kennikat Press, 1968).

Die Verwandlung von Bensalem: Siehe David Renaker, »A Miracle of Engineering: the Conversion of Bensalem in Francis Bacon's *New Atlantis*«, in: *Studies in Philology* 87, S. 181–193 (1990).

Christlicher Humanismus: Siehe Douglas Bush, *English Literature in the Earlier Seventeenth Century, 1600–1660* (New York: Oxford University Press, 1962 [2. Aufl.]), S. 35–38 und Herschel Baker, *The Wars of Truth* (Cambridge: Harward University Press, 1952).

Die verborgene Position der Mutter: John Archer bemerkt in *Souvereignty and Intelligence* (Stanford: Stanford University Press, 1993), S. 148, daß »die Mutter vom offenen Zeigen von Macht ausgeschlossen und damit in der gleichen Position zu ihrer Familie ist wie Bensalem zum Rest der Welt.« Siehe auch Sharon Achinstein, »How to Be a Progressive without Looking Like One: History and Knowledge in Bacon's *New Atlantis*«, in: *Clio*, 17: 3, 249–264 (dort: Nr. 10) (1988).

Bevölkerung: W. M. S. Russell schrieb, daß Bacon Malthus' Zusammenhang zwischen Bevölkerung und Ressourcen vorweggenommen hat; man könnte daraus schließen, daß ihm umso bewußter gewesen sein dürfte, daß Bensalem unter den geschilderten Bedingungen nicht unter einer zu niedrigen Bevölkerungszahl gelitten hat. Siehe »The Origins of Social Biology«, *Biology and Human Affairs* 41, 109–137 (1976). Russell merkt auch an, daß das Wort *population* in diesem Sinn (»Bevölkerung«) zum ersten Mal auf Englisch in Bacons Essay »Of the True Greatnesse of Kingdoms and Estates« (1612, 6.447) verwendet wurde.

Freud: Siehe Siegmund Freud, *Civilization and its Discontents* (dt. *Das Unbehagen in der Kultur [1930]*).

Zitate im Text (alle von Bacon, *New Atlantis*, 3.127–166, außer den folgenden): 4.60 (jeder Studierende der Natur); *Thoughts and Conclusions* in Farrington, *Philosophy of Francis Bacon*, S. 73 (Alchimisten); 3.17 (Veränderung von Aussehen); 6.735 (Instrumente der Lust); 6.754 (Ikarus); 6.757 (Sphinx); 6.479 (Schönheit und Seltsamkeit).

Kapitel 6

Der Schlüssel zum Labyrinth

Weitere Literaturangaben finden sich in meinem Essay »The Clue to the Labyrinth: Francis Bacon and the Decryption of Nature«, in: *Cryptologia* 24 (2000). Die Informationen zu Bacons Umgang mit Verschlüsselungstechniken verdanke ich Briggs, *Francis Bacon*, S. 13–40.

Geheimschriften in der Bibel: Zu den hier erwähnten Methoden des »Atbash«, »Albam« und »Atbah« siehe die klassische Darstellung der Kryptologie von David Kahn, *The Codebreakers* (New York: Simon & Schuster, 1996), S. 78–80. Die Kabbalah zeigte Wege auf, wie hebräische Buchstaben als Elemente der Schöfungsgeschichte aufgefaßt werden sollten und auch die Entwicklung der Kryptologie beeinflußten (S. 91f.).

Antike und islamische Geschichte der Kryptographie: Siehe Kahn, *Codebreakers*, S. 71–99. Plutarch schrieb: »Man nimmt an, daß [Caesar] der erste war, der sich Mittel verschaffte, um mit seinen Freunden in einer Geheimschrift zu kommunizieren…« (*Parallel Lives: Caesar*).

Symbole: Ernst Robert Curtius, *European Literature and the Latin Middle Ages*, (New York: Simon & Schuster, 1996), S. 319–326, 345–347; Michel Foucault, *The Order of Things* (New York: Random House, 1970), S. 25–44; William B. Ashworth, Jr., »Natural History and the Emblematic World-View«, in: *Reappraisals of the Scientific Revolution*,

Hrsg. David C. Lindberg und Robert S. Westman (Cambridge: Cambridge University Press, 1990), S. 303–332.

Entwicklung der Kryptologie und der Diplomatie im frühmodernen Europa: Siehe Kahn, *Codebreakers*, S. 106–156 (übermittelt von Antoine Rossignol).

Blaise de Vignère, *Traicté des Chiffres* (Paris: Abel l'Angelier, 1586), ff. 53r-54v; siehe auch Kahn, *Codebreakers*, S. 145–146. Vignères Argumentation habe ich im Detail untersucht in »Secrets, Symbols, and Systems: Parallels between Cryptanalysis and Algebra, 1580–1700«, in: *Isis* 88, 674–692 (1997). Auch Paracelsus war der Ansicht, daß Natur »ein umfangreicher Komplex von Zeichen und verschlüsselten Mitteilungen« sei.

Bacon und die Kryptologie: Siehe Archer: *Souvereignty and Intelligence*, S. 121–131, der schreibt, daß »Francis die Korrespondenz führte, während Anthony als Chef-Decodierer« für Essex' Spionagering tätig war (S. 126). Siehe auch Jardine und Steward, *Hostage to Fortune*, S. 55f., 148, 152, 158, 466.

Jakob I. und geheime Mitteilungen: Siehe Jonathan Goldberg, *James I and the Politics of Literature* (Baltimore: Johns Hopkins University Press, 1983), S. 55–112. Bacon schrieb eine *History of the Reign of King Henry VII.*, den er als großen und guten König beschrieb, jedoch auch als »unendlich mißtrauisch ..., trauig, ernst und voller Gedanken und geheimer Beobachtungen« (6.242f.); siehe Archer, *Souvereignty and Intelligence*, S. 133–139.

Geheimnisse der Natur nicht in einer menschlichen Sprache verschlüsselt: Siehe Paolo Rossi, »Hermeticism, Rationality, and the Scientific Revolution« in *Reason, Experiment, and Mysticism*, Hrsg. M. L. Righini Bonelli und William R. Shea (New York: Science History Publications, 1975), S. 247–273 (dort: 258f.); Briggs, *Francis Bacon*, S. 13–40; James A. Bono, *The World of God and the Languages of Man* (Madison: University of Wisconsin Press, 1995), Bd. 1, S. 199–246.

Bacons »Alphabet der Natur«: Siehe Bacon 4.439, 5.132f. Bacons *Abecedarium naturae* (5.208–211) führt eine Liste griechischer Buchstaben auf, die in symbolischer Form eine »Art Wörterbuch, eine systematische Darstellung, einen erschöpfenden Katalog der ›*letters*‹, *primary* ›*natures*‹ *and motions* auflistet, deren Kenntnis es einem ermöglichen sollte, die Sprache der Natur zu lesen«, wie Graham Rees in »Bacon's Philosophy: Some New Sources with Special Reference to the *Abecedarium novum naturae*« in *Francis Bacon*, Hrsg. Marta Fattori (Rom: Edizione dell'Ateneo, 1984), S. 223–244, schreibt.

John Dee: Siehe *The Mathematical Praeface to the Elements of Geometrie of Euclid of Megara (1570)* (New York: Science History Publications, 1975) und Kenneth J. Knoespel, »The Narrative Matter of Mathematics«, in: *Philosophical Quarterly* 66, S. 27–46 (1987).

Zitate im Text (aus *Bacon*, falls nicht anders angegeben): 4.18 (Epigramm: Labyrinth); 3.221 (zwei Bücher); 8.63 (»*Great Cause*«); 4.439 (*real characters*); 4.498 (Hieroglyphen); 4.444 (Regeln für Geheimschriften); 4.445f. (Geheimschrift mit zwei Schrifttypen); 4.440, Herodot *Historia*, 5.92 (die beiden Tyrannen); 4.447 (leicht zu entschlüsselnde Geheimschriften); 6.695 (Schleier von Legenden); 6.756 (Sphinx); 6.698 (nicht dazu gedacht, einen Sinn zu verschleiern); 4.115 (Interpretation); 3.503, *Clue to the Maze*; 4.127 (Induktion); 5.210 (Alphabet der Natur); 4.40 (wie eine Maschinierie); 4.52 (schroff und dissonant).

Kapitel 7

Kein Rätsel bleibe ungelöst

Für weitere Einzelheiten und Literaturangaben siehe meinen Text »Secrets, Symbols, and Systems.« Übersetzungen der Originaldokumente Viètes sind in meinem Aufsatz »François Viète, Father of Modern Cryptanalysis – Two New Manuscripts«, in: *Cryptologia* 21:1, 1–29 (1997), aufgeführt. Für allgemeine Hintergrundinformationen siehe auch Kahn, *Codebreakers*, S. 116–188 (Viète), 157–188 (das Zeitalter der »Schwarzen Kammern«).

Bacons Einstellung zur Mathematik: 3.406, 1.663, 4.448f. (Mathematik als Folter); Graham Rees war der Ansicht, »das Ziel Bacons mathematischer Bestrebungen« sei »sehr viel weitergehend als allgemein angenommen.« Siehe »Mathematics and Francis Bacon's Natural Philosophy«, in: *Revue internationale de philosophie* 40, S. 399–426 (1986). Möglicherweise kannte Bacon Viètes Arbeiten durch seinen Freund Nathaniel Torporley, Viètes Sekretär.

Al-Khwarizmi: Sein Werk (arabisch *Al-jabr wa'l muqabalah*) liegt bearbeitet auf Englisch vor in *A Source Book in Mathematics, 1200–1800*, Hrsg. D. J. Struik (Cambridge, MA: Harvard University Press, 1969), S. 55–60. Hier ein Beispiel in moderner Terminologie: Gegeben sei die Gleichung $x^2 + 10x = 39$. Mit Hilfe von *Algebra (al-jabr)* kann man nun zu beiden Seiten 25 addieren, um »das Quadrat zu vollenden.« Man erhält $x^2 + 10x + 25 = 64$. Dies ist gleich $(x + 5)^2 = 8^2$ und führt nach Ziehen der Quadratwurzel auf beiden Seiten zu $x + 5 = 8$ und damit zu $x = 3$. Für *Al-mukabala* gibt Al-Khwarizmi folgendes Beispiel an: Ausgehend von der Gleichung $50 + x^2 = 29 + 10x$ erhält man durch Subtraktion von 29 auf beiden Seiten der Gleichung $21 + x^2 = 10x$, was Al-Khwarizmi so formuliert: »Es bleiben übrig einundzwanzig und ein Quadrat, gleich zehn Dinge.«

Islamische Alchimie: Siehe E. J. Holmyard, *Alchemy* (New York: Dover, 1990), S. 60–104.

John Dee: Siehe Peter French, *John Dee: The World of an Elizabethan Magus* (New York: Ark, 1987), S. 5ff. und Nicholas H. Clulee, *John Dee's Natural Philosophy* (London: Routledge, 1988), S. 122f., 170–176 (zu Dees magischer Interpretation von »experimenteller Wissenschaft«). Obwohl Dee keinerlei bedeutende mathematische Arbeit vollendete, meinte Richard Forster 1575, die Mathematik sei in England auf »Dees atlasgleichen Schultern« getragen und wiedergeboren worden. Siehe auch Dees *Mathematicall Praeface.*

Mathematik und Magie: Im 13. Jahrhundert hatte Roger Bacon die Mathematik als »zweite Abteilung der Magie« bezeichnet. Er wollte damit der Mathematik einen ähnlich hohen Stellenwert einräumen, wie ihn damals die Magie genoß; aus diesem Vergleich wurden später jedoch ganz andere Schlüsse gezogen. Siehe *The Opus Majus of Roger Bacon*, engl. Übersetzung aus dem Lateinischen von Robert Belle Burke (New York: Rusell and Russell, 1962), Bd. 1, S. 261.

Viètes Innovationen: Siehe Jacob Kleins bahnbrechendes Werk *Greek Mathematical Thought and the Origin of Algebra*, verfügbar in einer englischen Übersetzung von Eva Brann (New York: Dover, 1992), S. 161–185. Ich zitiere Viètes *Introduction to the Analytical Art* aus der englischen Übersetzung dieses Bandes von J. Winfree Smith (S. 315–353). Es liegt keine ausführliche Arbeit über François Viète in Buchform vor; siehe jedoch meine Texte »Secrets, Symbols, and Systems«, »François Viète, Father of Modern Cryptanalysis« und Helena M. Pycior, *Symbols, Impossible Numbers, and Geometric Entanglements* (Cambridge: Cambridge University Press, 1997), S. 27–39.

Galilei über das Buch der Natur: Siehe »The Assayer« in *discoveries and Opinions of Galileo*, übersetzt von Stillman Drake (New York: Doubleday, 1957), S. 237f.

Descartes: Siehe *The Philosophical Writings of Descartes*, übersetzt von J. Cottingham, R. Stoothoff und D. Murdoch (Cambridge: Cambridge University Press, 1985), Bd. 1, S. 2f. (Masken), 35, 290 (Geheimschriften), 17, 19 (Algebra), 20 (seine Methode als »Ariadnefaden«), 115 (Aufgabe des Literaturstudiums), 141f. (Reaktion auf die Verurteilung von Galilei), 142f. (Herrschaft über die Natur), 145 (seine Kämpfe). Zu Descartes' Haltung gegenüber seinen Lesern siehe Neil M. Ribe, »Cartesian Optics and the Mastery of Nature«, in: *Isis* 88, 42–61 (1997).

Kapitel 8

Kepler auf der Brücke

Werke von Johannes Kepler (im Original lateinisch geschrieben): *Mysterium cosmographicum* (*Das Geheimnis des Universums*), engl. Übersetzung von A. M. Duncan (New York: Abaris Books, 1981), nachfolgend zitiert als MC; *Nova astronomia* (*Neue Astronomie*), engl. Übersetzung von William H. Donahue (Cambridge: Cambridge University Press, 1992), nachfolgend zitiert als NA; *Strena seu de nive sexangula*, (»Neujahrsgabe oder Vom sechseckigen Schnee« bzw. *The Six-cornered Snowflake*, engl. Übersetzung v. C. Hardie, Oxford, Oxford University Press, 1966), nachfolgend zitiert als S; *Harmonia mundi* (*Die Weltharmonik*), engl. Übersetzung von E. J. Aiton, A. M. Duncan und J. V. Field (Philadelphia: American Philosophical Society, 1997), nachfolgend zitiert als HM.

Literatur über Kepler: Max Caspar, *Kepler* (New York: Dover, 1993), zitiert als K; Arthur Koestler, *The Sleepwalkers* (New York: Viking Penguin, 1990); Gerald Holton, »Johannes Kepler's Universe« in *Thematic Origins*, S. 53–74; D. P. Walker, » Kepler's Celestial Music« in ders.: *Studies in Musical Science in the Late Renaissance* (Leiden: E. J. Brill, 1978), S. 34–62; Owen Gingerich, *The Eye of Heaven: Ptolemy, Copernicus, Kepler* (New York: American Institute of Physics, 1993); Curtis Wilson, *Astronomy from Kepler to Newton: Historical Studies* (London: Variorum Reprints, 1989); *Planetary Astronomy from the Renaissance to the Rise of Astrophysics, Part A: Tycho Brahe to Newton*, Hrsg. René Taton und Curtis Wilson, Bd. 2A von *The General History of Astronomy* (Cambridge: Cambridge University Press, 1989); J. V. Field, *Kepler's Geometric Cosmology* (Chicago: University of Chicago Press, 1988); Bruce Stephenson, *Kepler's New Astronomy* (Princeton: Princeton University Press, 1994); François de Gandt, *Force and Geometry in Newton's* Principia, übers. v. Curtis Wilson (Princeton: Princeton University Press, 1995), S. 61–85; William Donahue, *Kepler's New Astronomy: The Central Argument* (Santa Fe, NM: Green Lion Press, im Erscheinen).

Kepler und die neue Mathematik: Siehe J. V. Field, »The Relation Between Geometry and Algebra« in *Girolamo Cardano: Philosoph, Naturforscher, Arzt*, Hrsg. E. Kessler (Wiesbaden: Harrasowitz Verlag, 1994), S. 219–242 sowie meinen Essay »Kepler's Critique of Algebra«, in: *Mathematical Intelligencer* 22 (2000).

Kepler und Fludd: Siehe W. Pauli, »The Influence of Archetypal Ideas on Kepler's Theories« in C. G. Jung und W. Pauli, *The Interpretation of Nature and the Psyche* (New York: Pantheon Books, 1955), S. 196;

überarbeitet und ergänzt von Robert S. Westman, »Nature, art, and psyche: Jung, Pauli, and the Kepler-Fludd polemic« in *Occult and scientific mentalities in the Renaissance*, Hrsg. Brian Vickers (Cambridge: Cambridge University Press, 1984), S. 177–229.

Genauigkeit von Ptolemäus: Siehe Curtis Wilson, »The Inner Planets and the Keplerian Revolution« in *Astronomy from Kepler to Newton.*

Titius-Bodesches Gesetz: Siehe Stephenson, *Music of the Heavens*, S. 10f., und M. Ovenden, »Bode's Law – Truth or Consequences« in *Vistas in Astronomy*, Hrsg. A. und P. Beer (Oxford: Oxford University Press, 1975), Bd. 18, S. 473–496.

Kepler und die Astrologie: Kepler war kein Traditionalist oder Anhänger abergläubischer Praktiken; seine astrologische Studie lehnt die banale Vorhersage von Ereignissen ab und beschäftigt sich eher mit dem komplexeren Zusammenwirken kosmischer Einflüsse mit Bedingungen auf der Erde; siehe Edward Rosen, »Kepler's Attitude Toward Astrology and Mysticism« in *Occult and Scientific Mentalities*, S. 253–272.

Kepler und Rhetorik: Siehe N. Jardine, *The Birth of History and Philosophy of Science: Kepler's Defense of Tycho against Ursus* (Cambridge: Cambridge University Press, 1984), S. 74–79. Stephenson betont Kepler's Einschätzung, sich selbst als »sich vorwärtstastend« zu beschreiben; *Kepler's Physical Astronomy*, S. 3.

Kepler als »theoriebeladen«: Dies betont Curtis Wilson, »Kepler's Derivation of the Elliptical Path«, in: *Isis* 59, S. 5–25 (1968); »How Did Kepler Discover His First Two Laws?«, in: *Scientific American* 226:3; 93–106 (1972). Beide Artikel sind enthalten in ders.: *Astronomy from Kepler to Newton.*

Kepler über Gilbert: Siehe Kepler's *Somnium*, aus dem Lateinischen übersetzt von Edward Rosen (Madison: University of Wisconsin Press, 1967), S. 100.

Kepler über *species*: Siehe William Donahues hilfreiche Anmerkungen zu diesem entscheidenden Begriff, NA S. 23f. Kepler bezeichnet als *species* »eine Varietät von Oberfläche«, als handele es sich um eine Art Ausdünstung, die von der sich drehenden Sonne abgestrahlt wird; die *species* ist jedoch keine von ihrer Quelle unabhängige Substanz.

Kepler und das *inverse-square-law*: Siehe Curtis Wilsons Aufsätze »Newton and Some Philosophers on Kepler's Laws« und »From Kepler's Laws, So-called, to Universal Gravitation«, in ders.: *Astronomy from Kepler to Newton.*

Keplers religiöse Einstellungen: Siehe Jürgen Hübner, *Die Theologie Johannes Keplers zwischen Orthodoxie und Naturwissenschaft* (Tübingen: J. C. B. Mohr, 1975) und E. W. Gerde, »Johannes Kepler as Theologian«, in: *Vistas in Astronomy* 18, S. 339–367 (1975).

Keplers Analyse von »männlichen« und »weiblichen« Elementen in der Musik: Siehe HM., S. 242, 446 und Walker, »Kepler's Celestial Music«, S. 53–57; mit diesem Aspekt näher befassen möchte ich mich in meinem Aufsatz *Beyond Passion: The Dialogue between Ancient and Modern Music* (in Vorbereitung).

Zitate Keplers im Text (NA, wenn nicht anders angegeben): K 381 (Epigramm); S 7 (Neujahrsgeschenk); S 33 (nichts geschieht ohne Ursache); S 39 (fast nichts); S 41 (flach); S 43 (schöpferische Kraft der Erde); Walker, »Kepler's Celestial Music«, S. 245 (geometrische Kabbalah); Pauli, »Influence of Archetypal Ideas«, S. 196f. (Ich packe den Schwanz); K 292 (Haß auf Kabbalisten); MC 69 (Platonische Körper); MC 61 (ganzer Lebensweg); MC 19 (Theologe); MC 51 (Geheimnis); MC 49 (Gottes Motiv); MC 53 (Tempel); MC 59 (Brahe); 30 (Gefangener); 32 (unverfolgbarer Stern; Plinius, *Historia naturalis* 2.17); K 56f. (Kepler als Rhetoriklehrer); 78 (Ptolemäus); 48 (Äquivalenz); K 103, 120f. (Veröffentlichung von Geheimnissen); 185 (Mars); 78 (Kolumbus); 79 (Streitereien); 46 (Ariadnefaden); 70–77 (Synopse); 119 (Brezel); 391 (Magnet); 381f. (*species*); 286 (Brahe); 86 (Suche); 451 (Und ich erst!); 453 (Wurst); 455 (Blind vor Gier/Verlangen); 494 (Fehler führen zur Wahrheit); 458, 508 (Triumph); 543 (neues Licht); 576 (Ich Narr!); 573 (Galatea, Vergil, *Ecologues* 3.64: »Galatea seeks me mischievously [*malo*], the lusty wench:/She flees to the willows, but hopes I'll see her first.« *Malo* kann auch bedeuten »mit [Hilfe eines] Apfels.«; 492 (mäandernder Lauf); 79 (Lust) K 380 (Geometrie; K 380 (Gottes Gedanken); K 275 (mehr liegt jenseits); MC 223 (sie kehren niemals zum Ausgangspunkt zurück).

KAPITEL 9

NEWTON AM STRAND

Werke Newtons: *The* Principia*: Mathematical Principles of Natural Philosophy*, übersetzt von I. Bernard Cohen und Anne Whitman (Berkeley: University of California Press, 1999), nachfolgend zitiert als P; *The Mathematical Papers of Isaac Newton*, Hrsg. D. T. Whiteside (Cambridge: Cambridge University Press, 1967–1980), zitiert als MP.

Literatur über Newton: Alexandre Koyré, *Newtonian Studies* (Chicago: University of Chicago Press, 1968); Richard S. Westfall, *Never at Rest: A Biography of Isaac Newton* (Cambridge: Cambridge University Press, 1987), zitiert als NAR; Frank Manuel, *A Portrait of Isaac Newton* (New York: New Republic Books, 1979); Robert S. Bart, *Notes to Accompany the Reading of Newton's »Principia mathematica«* (Annapolis, MD: St. John's College Press, 1968) [2. Aufl.]; Curtis Wilson, »Newton's Path to the *Principia*« in *The Great Ideas Today 1985*, Hrsg. Mortimer J. Adler (Chicago: Encyclopaedia Britannica, 1985) S. 178–229 und »The Newtonian achievement in astronomy« in Taton und Wilson, *Planetary Astronomy*, S. 233–274; Dana Densmore, *Newton's* Principia*: The Central Argument* (Sta. Fe, NM: Green Lion Press, 1995); De Gandt, *Force and Geometry.*

Anmerkungen zu Halley und Laplace: siehe P 380 und Koyré, *Newtonian Studies*, S. 18; zu Saint-Simon siehe Frank Manuel, *The religion of Isaac Newton* (Oxford: Oxford University Press, 1974), S. 53.

Wunder und Neugier: Siehe die großartige Diskussion in Daston und Park, *Wonders and the Order of Nature*, S. 303–350, die den Übergang vom tölpischen Wunder zur wissenschaftlichen Neugierde betont.

Voltaire: *The Elements of Sir Isaac Newton's Philosophy*, engl. Übersetzung von John Hanna (London: Frank Cass and Company, 1967 [Nachdruck der Ausgabe von 1738]), S. 4.

Die Leier des Pythagoras: Newtons Nichte Catharine Barton schrieb, daß »Sir Issac used to say that Pythagoras' Musick of the Spheres was gravity, & that as he makes the sounds & notes depends on the size of the strings, as gravity depends on the density of matter« (NAR 510, Anm. 136). Siehe J. E. McGuire und P. M. Rattansi, »Newton and the ›Pipes of Pan‹«, *Notes and Records of the Royal Society* 21, S. 108–143 (1966).

Newtons alchimistische Studien: Siehe B. J. T. Dobbs, *The Foundations of Newton's Alchimy* (Cambridge: Cambridge University Press, 1983) und *The Janus faces of genius: The role of alchemy in Newton's thought* (Cambridge: Cambridge University Press, 1991); Richard Westfall, »The role of alchimy in Newton's Career« in Bonelli und Shea, *Reason, Experiment, and Mysticism*, S. 189–232; J. E. McGuire, »Force, Active Principles, and Newton's Invisible Realm«, in: *Ambix* 15, 154–208 (1968).

Newtons Schriften zu prophetischen und historischen Themen: *Sir Isaac Newton's Theological Manuscripts*, Hrsg. H. McLachlan (Liverpool: Liverpool University Press, 1950). Frank Manuel bemerkte, daß Newtons »Regeln zur Interpretation von Prophezeiungen vergleichbar mit den« seien, »auf denen er für die Interpretation des Buchs der Natur bestand« (*The Religion of Isaac Newton*, S. 98). Siehe auch Frank Manuel, *Isaac Newton, Historian* (Cambridge: Harvard University Press, 1963), S. 28; Sarah Hutton, »More, Newton and the Language of Biblical Prophecy«, in *The Books of Nature and Scripture*, Hrsg. James E. Force und Richard H. Popkin (Dordrecht: Kluwer Academic, 1994), S. 39–53 (insb. S. 46–49 über die von Hutton so genannte »Art göttlicher Algebra« in den prophetischen Schriften); Matania Z. Kochavi, »One Prophet Interprets Another: Sir Isaac Newton and Daniel« in *The Books of Nature*, S. 105–122; Kenneth J. Knoespel, »Newton in the School of Time«, in: *The Eighteenth Century* 30, 19–41 (1989).

Newtons Gebrauch von Geheimschriften: Siehe NAR 243, 265, 403, 426, 515; Newton verwendete auch Anagramme zu Verschlüsselungszwecken, darunter das provokante *Isaacus Neuutonus* als *Iehova sanctus unus* (»Jahwe[= Jehova], der Einzige, Heilige [Gott]«). Siehe auch J. E. Hofmann, *Leibniz in Paris, 1672–1676* (Cambridge: Cambridge University Press, 1974), S. 74f.; A. Rupert Hall, *Philosophers at War: The Quarrel between Newton and Leibniz* (Cambridge: Cambridge University Press, 1980), S. 1–9. Über verschlüsselte Kommunikation in Boyles Kreisen siehe L. M. Principe, »Robert Boyle's Alchemical Secrecy: Codes, Ciphers and Concealments«, in: *Ambix* 39:2, 63–74 (1992). Zu John Maynard Keynes über Newton als »Magier« siehe dessen *Essays in Biography* (New York: W. W. Norton, 1963), S. 313f.

Newtons *microscope*: P, Buch I, Proposition 6 (S. 453–455). Thomas K. Simpson bezeichnete diesen Ausdruck als »Hieroglyph für Kraft (*force*).« Zwar verbindet dieser Vergleich in hilfreicher Weise Newtons Geometrie mit seinen Entschlüsselungsprojekten, doch der statische Terminus »Hieroglyph« sollte noch etwas erweitert werden, um den dynamischen Aspekt von Newtons Konstruktion deutlich zu machen. Siehe Thomas K. Simpson, »Science as Mystery: A Speculative Reading of Newton's *Principia*« in *The Great Ideas Today 1992*, Hrsg. Mortimer J. Adler (Chicago: Encyclopaedia Britannica, 1992), S. 12–32, 140–144.

Newtons Vereinigung von Raum und Zeit mittels Geometrie: Siehe De Gandt, *Force and Geometry*, S. 12–32, und meinen Aufsatz »Newton and Hidden Symmetry«, in: *European Journal of Physics* 19, S. 151–153 (1998). Zu Galileis Trennung von Raum und Zeit siehe dessen *Two New Sciences*, Dialog über die beiden hauptsächlichsten Weltsysteme, das ptolemäische und das kopernikanische. Stuttgart 1982, engl. Übersetzung von Stillman Drake (Madison: University of Wisconsin Press, 1974), S. xxii-xxiv.

Newtons Gebrauch von Algebra und Geometrie: Siehe I. B. Cohen, »The Newtonian Revolution in Science«, S. 78–87, und Michael S. Mahoney, »The Mathematical Realm of Nature« in *The Cambridge History of Seventeenth-Century Philosophy*, Bd. 1, S. 702–755, und ders., »Algebraic vs. Geometric Techniques in Newton's Determination of Planetary Orbits« in *Action and Reaction*, Hrsg. Paul Theerman und Adele F. Seeff (Newark: University of Delaware Press, 1993), S. 183–205; De Gandt, *Force and Geometry*, S. 159–264; Pycior, *Symbols*, S. 167–208.

Probleme mit der Unendlichkeit: Beispielsweise drückte Newton den Term $1/(1 + x)$ aus als $1 - x + x^2 - x^3 + \ldots$. Für $x = 1$ bedeutete dies jedoch $1 - 1 + 1 - 1 + \ldots = 1/2$; tatsächlich addieren sich die einzelnen Terme aber zum Wert 0 auf. Man muß also zeigen, daß eine unendliche Folge konvergiert, anderenfalls können selbstwidersprüchliche Konsequenzen eintreten. Auch George Berkeley stellte schon Fragen zu unendlichen Reihen, »weder endliche noch unendlich kleine Mengen«, in »The Analyst, or A Discourse Addressed to an Infidel Mathematician« (1743) in *A Source Book in Mathematics*, S. 333–338, diskutiert in Pycior, *Symbols*, S. 209–241.

Die Transzendenz von *e* und π: Siehe Felix Klein, *Famous Problems of Elementary Geometry* (New York: Chelsea Publishing, 1962), S. 49–77; zum historischen Hintergrund siehe Michael S. Mahoney, »Infinitesimals and transcendent relations: The mathematics of motion in the seventeenth century«, in: *Action and Reaction*, S. 461–491, sowie mein Buch *Abel's Prof. An Essay of the Sources and Meaning of Mathematical Unsolvability* (Cambridge MIT Press, 2003).

Newtons Beweis, daß die Flächeninhalte von Ellipsen nur mit Hilfe transzendenter Zahlen [wie π] dargestellt werden können: Siehe die Diskussion von Newtons Lemma XXVIII aus Buch I (P 511–513) in V. I. Arnol'd, *Huygens and Barrow, Newton and Hooke* (Basel: Birkhäuser Verlag, 1990), S. 101–105 und meinen Text »Newton and hidden symmetry.«

Hypotheses non fingo: Newton berief sich in seinen physikalischen Theorien selbst explizit auf Hypothesen, sowohl den astronomischen wie den optischen; siehe Koyré, *Newtonian Studies*, S. 25–52.

Verborgener Kern der Natur: David Hume bemerkte: »Während Newton scheinbar den Schleier von einigen Geheimnissen der Natur zog, zeigte er zugleich die Unvollkommenheit seiner mechanischen Philosophie; und damit gab er jener Dunkelheit ihre letzten Geheimnisse zurück, in der sie immer lagen und auch immer liegen werden.« *The History of England*, Bd. 8, S. 332 (1773).

Newton am Strand: Für biographische Zusammenhänge siehe NAR 863 und Frank Manuel, *Portrait*, S. 388f. Holton kommentiert das Erschrecken und das Gefühl der Unzulänglichkeit, das Newton empfunden haben mußte in *The Scientific Imagination* (Cambridge: Cambridge University Press, 1978), S. 268–274. Zu dem »Ozanischen« siehe Freud, *Civilisation and Its Discontents*, S. 1ff.

Newtons Konzept von Kraft: Richard S. Westfall diskutiert in *Force in Newton's Physics* (New York: American Elsevier, 1971), S. 450 ff., die Wechselwirkungen zwischen Passivität und Aktivität in Newtons Werk. Siehe auch De Gandt, *Force and Geometry*.

Newton und Kometen: Nach Thomas Simpsons Ansicht sah Newton in Kometen »eine Form astronomischer Alchimie«, weil in den Schweifen eine enorme Hitze frei wird (»Science as Mystery«, S. 161–167). Newton vermutete daß »jener Geist, der der kleinste, aber feinste (*most subtle*) und hervorragendste Teil unserer Luft ist, hauptsächlich von Kometen stammt« (P 926). Simpson schreibt: »Das Weltall war zu seinem Laboratorium geworden.« Siehe auch Simon Schaffer, »Comets and Idols: Newton's Cosmology and Political Theology« in *Action and Reaction*, S. 206–231; Dobbs diskutiert diesen Aspekt in *Janus face of genius*, S. 230–243.

Experimentum crucis: Dieser Ausdruck wurde erstmals 1662 von Robert Boyle verwendet und bezog sich auf Bacons *instantia crucis* (Bacon 1.294, 4.180); siehe Brian Vickers, »Francis Bacon and the Progress of Knowledge«, in: *Journal of the History of Ideas* 53, S. 495–518 (S. 511, Anm. 45) (1992) und J. A. Lohne, »Experimentum crucis«, in: *Notes and Records of the Royal Society*, 23, 169–199 (1968). Zu Newtons Gebrauch des Baconschen Begriffs »exclusions« siehe A. I. Sabra, *Theories of Light from Descartes to Newton* (Cambridge: Cambridge University Press, 1981), S. 175–184; zu zeitgenössischen Kontroversen siehe Dennis L. Sepper, *Goethe contra Newton* (Cambridge:

Cambridge University Press, 1988); Charles Bazerman, *Shaping Written Knowledge* (Madison: University of Wisconsin Press, 1988), S. 80–127; Stuart Peterfreund, »Saving the Phenomena or Saving the Hexameron? Mosaic Self-Presentation in Newtonian Optics«, in: *The Eighteenth Century* 32, S. 139–165 (1991); Peter Dear, *Discipline and Experience*, S. 232–243.

Zitate von Newton (NAR, falls nicht anders angegeben): 863 (Epigramm); P 944 (*electric spirit*) P 382 (Entdeckung der Naturkräfte aus den Phänomenen der Bewegung); 459 (mathematische Kleingeister); MP Bd. 4, S. 277 (NAR 379; wider Descartes); 510, Anm. 136 (Pythagoras); 309 (Geheimnisse der Alchimie); Manuel, *Religion*, S. 116, 108f. (Interpretationsregeln); 357 (grobe Unflat); McLachlan, *Theological Manuscripts*, S. 120 (hieroglyphische Sprache); 326 (Uhren-Metapher); 346–348 (Bauplan des Tempels); P 940f. (Pantokrator); P 453–455 (*microscope*); P943 (unser Meer); 361 (Laboratorium); »The Key« (Keynes MS 18), in Dobbs, *Foundations of Newton's Alchimy*, S. 251–255 (Antimon); Dobbs, *Foundations of Newton's Alchimy*, S. 171 (Saturn frißt seine Kinder); NAR 299 (Natur und Leben); 299–301 (Magneten); P 646 (*genitum* und *flux*).

KAPITEL 10

EINSTEIN IM BOOT

Schriften Einsteins: *The Principle of Relativity* (dt. *Das Relativitätsprinzip*) (New York: Dover Publications, 1923) zitiert als RP; *Essays in Science* (New York: Philosophical Library, 1934); *Ideas and Opinions* (dt. teilw. als *Mein Weltbild*, u. a. Frankfurt/M.: Ullstein, 1977) (New York: Random House, 1988); *Relativity: The Special and General Theory* (dt. *Die Spezielle und die Allgemeine Relativitätstheorie*) (New York: Crown Publishers, 1961); *Sidelights on Relativity* (New York: Dover, 1983).

Werke über Einstein: Banesh Hoffmann und Helen Dukakis, *Albert Einstein, Creator and Rebel* (New York: New American Library, 1972); Gerald Holton, *Thematic Origins*, S. 191–398, und »Einstein and the

Cultural Roots of Modern Science«, in: *Daedalus* 127:1, 1–44 (1998); Ronald W. Clark, *Einstein The Life and Times* (New York: World Publishing, 1971); Abraham Pais, ›*Subtle is the Lord...*‹: *The Science and the Life of Albert Einstein* (Oxford: Oxford University Press, 1982) und *Einstein Lived Here* (Oxford: Oxford University Press, 1994).

Epigraph: Brief an Maurice Solovine vom 28. März 1949.

Einstein im Boot: Chaim Tschernowitz, »A Day with Albert Einstein«, in: *Jewish Sentinel* 1 (1931), zitiert in Clark, *Einstein*, S. 415.

Einstein und die Frauen: Pais, ›*Subtle is the Lord ...*‹, S. 300–302. Zitat zu Spinoza: Friedrich Schleiermacher, *On Religion: Speeches to its Cultured Despisers* (engl. Ausg.:) S. 40. Einsteins menschliche Bindungen: Hoffmann und Dukas, *Albert Einstein*, S. 253.

Einstein, »Autobiographical Notes« in: Schilpp, *Albert Einstein*, S. 9–11 (dt. »Autobiographisches« in: *Albert Einstein als Philosoph und Naturforscher*, Stuttgart: Kohlhammer 1951).

Relativität: Einsteins Aufsatz von 1905 findet sich in PR S. 48–50. Hegel über das Denken in Bildern: siehe ders.: *The Phenomenology of Spirit*, S. 119–122 (dt. *Die Phänomenologie des Geistes*).

Minkowski: Siehe RP, S. 75–91; Edwin F. Taylor und John A. Wheeler, *Spacetime Physics* (San Francisco: W. H. Freeman, 1992) [2. Aufl.]; Peter L. Galison, »Minkowski's Space-Time: From Visual Thinking to the Absolute World«, in: *Historical Studies in the Physical Sciences* 10, S. 85–121 (1979).

Die vierdimensionale Welt: Einstein, *Relativity*, S. 55, und *Sidelights*, S. 50–56.

Jenseits des »Nur-Persönlichen«: Siehe Einsteins »Autobiographical notes« in Schilpp, *Albert Einstein*, Bd. 1, S. 5, und Holton, *The Scientific Imagination*. Zu Kepler siehe K 349, 387.

Der Tempel der Wissenschaften: Siehe »Principles of Research« in Einstein, *Essays in Science*, S. 1–5 (dt. in *Mein Weltbild*).

kosmische Religiosität: Einstein, *Ideas and Opinions*, S. 38, 49 und Max Jammer, *Einstein and Religion* (Princeton: Princeton University Press, 1999).

Max Planck: *Scientific Autobiography* (New York: Philosophical Library, 1949), S. 34f. (dt. u. a. *Max Planck – Wissenschaftliche Selbstbiographie*, Halle/S.: Acta Historica Leopoldina, 1990); *Eight Lectures in Theoretical Physics*, Hrsg. Peter Pesic (New York: Dover 1998), S. 7.

Allgemeines Relativitätsprinzip: RP, S. 113.

Dirac zur Quantentheorie: P. A. M. Dirac, *The Principles of Quantum Mechanics* (Oxford: Oxford University Press, 1958 [4. Aufl.]), S. vii.

Einstein und Spinoza: Siehe Peter Bucky, *The Private Albert Einstein* (Kansas City: Andrews and McMeel, 1992), S. 112f.; Hoffmann und Dukas, *Einstein*, S. 94.

»Obwohl er 300 Jahre früher lebte...«: Einsteins Einführung zu R. Kayser, *Spinoza, portrait of a cultural hero* (New York: Philosophical Library, 1946), S. xi, zitiert in Pais, *Einstein Lived Here*, S. 130, der auch kommentiert, daß Einstein bei dieser Passage »durchaus vielleicht an sich selbst gedacht hat.«

Kontingenz im Universum: *The Collected Works of Spinoza*, engl. Übersetzung von Edwin Curley (Princeton: Princeton University Press, 1985), Bd. I, S. 433.

Einstein und Spinozas Gott: Einsteins Antwort auf die ihm 1929 von Rabbi Herbert Goldstein gestellte Frage »Glauben Sie an Gott?«; siehe meinen Aufsatz »Einstein and Spinoza: Determinism and Identicality Reconsidered«, in: *Studia Spinozana* 12, 193–201 (1996). Siehe auch Jammer, *Einstein and Religion*.

Der Bohr-Einstein-Dialog: Siehe Nils Bohr, »Discussion with Einstein on Epistemological Problems in Atomic Physics« in Schilpp, *Albert Einstein*, Bd. 1, S. 201–241, zusammen mit Einsteins »Reply to Criticisms« in Bd. 2, S. 665–676; siehe auch David Kaiser, »Bringing the human actors back on stage: the personal context of the Einstein-

Bohr debate« in *British Journal of History of Science* 27, S. 129–152 (1994).

Identität in der Quantentheorie: Siehe meine Aufsätze »The principle of identicality and the foundations of quantum theory I, II« in *American Journal of Physics* 59 (1991), S. 971–978 und mein Buch *Seeing Double: Shared Identities in Physics, Philosophy, and Literature* (Cambridge MIT Press 2002).

Die beiden Ebenen der Quantentheorie: Siehe Abraham Pais, *Inward Bound* (Oxford: Oxford University Press, 1986) S. 255–261.

Ägyptisches Labyrinth: Herodot, *Historia* 2.148.

Polyalphabetische Geheimschriften und *one-time*-Systeme: Siehe David Kahn, *Codebreakers*, S. 398–410, 979–984; zu »Enigma«-Maschinen und dem Knacken des »Magic«-Codes siehe *Codebreakers*, S. 394–512. Mit Hilfe des Einstein-Podolski-Rosen-Phänomens kann der Schlüssel aus Zufallszahlen an weit entfernte Orte übermittelt werden; siehe Charles H. Bennett, Gilles Brassard und Artur K. Ekert, »Quantum Cryptography«, *Scientific American* 263:10, 50–57 (1992).

Aristoteles: »Das Offensichtliche durch das nicht Offensichtliche beweisen zu wollen zeichnet den aus, der das Selbstverständliche nicht von dem nicht Selbstverständlichen unterscheiden kann.« *Physics* Physik, 2 Bde., Hamburg 1987. Buch II, Kapitel I 193a5–7.

Das leere Labyrinth: Holton spricht von »dem Labyrinth mit einem leeren Zentrum, wo der Forscher nur seinen eigenen Schatten trifft und seine Wandtafel mit seinen eigenen Kreidespuren darauf, seine eigenen Lösungen für seine eigenen Probleme« in *Thematic Origins*, S. 30f., 36 [nur in der 1. Aufl.].

Personenregister

∞

Sachregister

∞

Bernhard von Mutius:

Die Verwandlung der Welt

Ein Dialog mit der Zukunft

340 Seiten, Leinen, Faltkarte, ISBN 3-608-94271-8

Wir sehen die Zukunft immer noch mit den Augen der Vergangenheit, mit festen Standpunkten, Kategorien und Unterscheidungen. Virtualisierung und Globalisierung, Informations- und Wissensgesellschaft, digitale und biotechnische Revolution: Was verbirgt sich hinter den neuen Begriffen, mit denen sich diese Zeit selbst beschreibt? Was kommt auf uns zu? Sind wir Augenzeugen eines Epochenwechsels?
Dieses Buch entfaltet wie auf einer mehrdimensionalen Landkarte das Bild einer sich umfassend wandelnden Welt mit tiefgreifenden Konsequenzen für Wirtschaft, Gesellschaft und Kultur.

Frank R. Wilson:

Die Hand – Geniestreich der Evolution

Ihr Einfluß auf Gehirn, Sprache und Kultur des Menschen

Aus dem Amerikanischen von Hainer Kober
416 Seiten, gebunden mit zahlreichen Abbildungen, ISBN 3-608-94189-4

Nur ein winziger Knochen unterscheidet die Hand des Menschen von der eines Affen. Weder Homo faber noch Homo sapiens hätte es je gegeben, wenn die Evolution dem Menschen nicht die Hände geschenkt hätte. Die Hände können so viel, daß sie das Denken und Sprechen anderen Organen überlassen. Die einzigartigen Fähigkeiten der Hand und ihr Zusammenspiel mit dem Gehirn machten den Homo sapiens zum intelligentesten Lebewesen. Wilson formuliert provozierende Thesen über menschliche Kreativität und wie sie sich am besten entfalten läßt.

Richard Panek:

Das Auge Gottes

Das Teleskop und die lange Entdeckung der Unendlichkeit

Aus dem Amerikanischen von Dietmar Zimmer
197 Seiten, gebunden, ISBN 3-608-94272-6

Mit Hilfe des Fernrohrs gelingt es das Weltall zu entdecken, wie es wirklich beschaffen ist. Ein jahrhundertealtes, geschlossenes Weltbild versinkt im Nichts. Die Astronomen beginnen die Odyssee der modernen Wissenschaft und wagen sich bis an das Ende der Welt und darüber hinaus in die Unendlichkeit des Alls. Der Mensch nimmt sein Geschick in die Hand. Sein Instrument ist das Teleskop: das Auge Gottes.

»Panek schafft es, die Geschichte und die Rätsel der Astronomie fesselnd zu erklären.«
Süddeutsche Zeitung

Étienne Klein / Marc Lachièze-Rey:

Die Entwirrung des Universums

Physiker auf der Suche nach der Weltformel

Aus dem Französischen von Friedrich Griese
233 Seiten, gebunden, ISBN 3-608-91905-8

Die Vorstellung, daß die Vielfalt des Wirklichen durch eine ihr zugrundeliegende Einheit erklärt werden könnte, ist so alt wie das Denken selbst. Die großen Mythen erzählen davon, und die ersten Philosophen schärften ihr Denken daran. Die moderne Wissenschaft schreibt diesen Plan fort, die Physik, indem sie z. B. die Begriffe Materie und Bewegung zusammenzubringen sucht. Fehlen uns nur noch ein paar Gleichungen zu einer vollständigen Erklärung des Universums? Können wir die Vielfalt naturwissenschaftlicher Theorieansätze durch eine einheitliche Theorie ersetzen? Étienne Klein und Marc Lachièze-Rey legen in diesem Buch die Voraussetzungen und den Sinn der Suche nach der »Weltformel« offen.

Klett-Cotta